数式を使わない物理学入門

アインシュタイン以後の自然探検

猪木正文
大須賀 健＝監修

角川文庫
22057

数式を使わない物理学入門　目次

3 地球の引力による時間の遅れ　191

4 宇宙の神秘　206

第六章　物質世界の果てを求めて

（凡例）

・肩書や年齢、また「世界最高」「世界最大」などは執筆時の記述です。
・旧字は新字に改め、明らかな誤りとみられる箇所や表現については、遺族と監修者の了承を得て修正を加えました。
・歴史上の人物の生年については、現在の資料で校訂して修正しました。
・現在の定説と異なる記述や語句もそのまま残していますが、注意が必要な箇所については、監修者による注釈を各章末に記しました。

第一章

現代科学の最先端を行く物理学

1　人間のいかなる空想も越える奇妙な世界

人間の知識欲には限りがない

冬の寒い日の朝、列車内の窓ガラスは、車内の暖かい水蒸気で曇っています。こんなときに、乗客のだれでも、窓ガラスの曇りをふいて、外の景色をながめたくなるでしょう。なぜでしょうか？　それは、人間はだれでも、程度の相違はありますが、自分の周囲の自然を知りたいという本能的欲望、知識欲、好奇心などを持っているからです。しかし、人間が、感覚器官を通して直接的に知りうる自然の範囲は、きわめてせまいものです。たとえば、私たちは、10分の1ミリぐらいの大きさの物体の形を、肉眼でよく見ることはできません。また、肉眼で、月と星のどちらが遠方にあるのか、知ることはできません。

ところが、現代物理学は、巧妙な理論と機械の助けにより、私たちが知ることのできる自然の範囲（視野）を、常識的には想像もできないほど、拡大することに成功したのです。

現代物理学の視野は、じつに、100億光年（1光年は光が1年間に進む距離、100億光年は100億のそのまた10兆倍キロメートル）の超巨大な宇宙から、1兆分の1

ミリの超極微の素粒子（たとえば、原子を形づくっている基礎的粒子のこと）の世界にまで拡大されています。また、空間といっしょに、時間についても、その視野を驚くほど拡大しています。物理学者は、実生活では、たとえどんなに気長な人でも、10兆分の1の、そのまた100億分の1秒間という超微小時間に起こる現象について考えなければなりません。また、どんな気の短い物理学者でも、100億年の超長期間に起こる自然現象を考えなければならないのです。

さらに、現代物理学は、エネルギーの分野でも、大きく視野を拡大しています。その視野は、感覚にはまったく感じない超微小エネルギー現象から、原水爆の爆発エネルギー以上の、超巨大エネルギー現象にまで拡大されています。

さて、それでは、現代物理学は、このように視野をいちじるしく拡大することによって、自然の本質について、なにを知ることができたのでしょうか。それは、「超感覚的世界は、感覚的世界とは質的に違ったものである」ということです。言いかえると、私たちが感覚で経験できる範囲よりも、極端に大きいか、または、小さい世界は、まったく性質の違った世界だということです。つまり、自然は、質的に違った多くの層よりできている、と考えられるのです。このことを自然の多層的構造と呼ぶことにしましょう。

古代インド人は、地球を支えるゾウがいると考えていた

現代物理学の進歩によって、自然が多層的構造を持つものであることが、あきらかになる以前は、自然についてのまちがった考え方がよく行なわれていました。そして、現代でも、現代物理学を知らない人は、まちがった考え方をしています。多層的構造とはどんなものかを知るうえで参考になりますので、つぎに、自然に対するまちがった考え方の例をあげておきましょう。

だれでも、いちどぐらいは、宇宙が有限か無限かという疑問を持ったことがあるでしょう。もし、かりに有限であるとすると、宇宙空間がいくら広大であっても、かならず、その果て(限界)があるはずです。そして、ここまで考えてくると、その果ての外側になにが存在するのだろうかという疑問を、どうしても、さけることができなくなります。

私の学生時代に、同級生で、つねにこのようなことを考えている人がいました。彼は、さけることのできない疑問の連鎖反応で、ついに神経衰弱になってしまいました。物理学者は、宇宙空間の果てについてのこういう疑問は、むかしの人が、大地の果てについていだいていた素朴な疑問と同様な、まちがった考え方にもとづいている、と説明しています。

それで、まずむかしの人の素朴な疑問について、つぎにかんたんにふりかえってみ

物理学を知らないで、宇宙の果てにはなにがあるかを考えると、疑問の連鎖反応でノイローゼになる

ましょう。肉眼で見える範囲では、大地は平面状に見えます。海をよく観察すれば、地平線のところで、海面がすこし曲がっているこことがわかるはずです。

しかし、むかしの人は、そこまで気がつきませんでした。彼らは海面も平面であると信じていたのです。

むかしの人は、平面状の陸地および海面上を直進すれば、おそかれ早かれ、その果てに到達するはずであると考えました。そして、大地の果ての外側に存在するであろう暗黒の未知の世界を空想しました。そしてそれは、彼らにとって未知な世界であるがゆえに、恐怖の世界となり、彼らをおののかせました。もし、かりに、むかしの人が人工衛星に乗り、地球がまるいことを直接に目で見たら、彼らはどれほど驚いたことでしょうか。そして、彼らの空想が、どれほどばかげたものであるかということを知ったでしょう。

さらに人類は、地球が球形であることを知ったあとでも、自分に対して逆立ちの姿勢で、地球の反対側に人が住んでいることを、容易に納得できなかったものです。地球が、宇宙空間に支柱なしに浮かんでいるということは、なおさら理解しがたいことでした。そして彼らは、地球が何物かによって、かならず支えられていると信じていました。そして空想は空想を生み、古代インド人の場合などは、支持台として、地球よりも大きい怪物的カメやゾウなどが存在すると信じていたのです。

ニュートンも、井戸の中の蛙だった

むかしの人と現代人の間に、大きな、知的能力の差があるとは考えられません。それにもかかわらず、どうして彼らは、これらの話のようなばかげたことを、信じていたのでしょうか？　この答えの中に、私たちにとってきわめて重大な教訓が秘められているのです。

むかしの人の考え方のまちがいは、せまい地上で得た経験的知識で、大地全体の構造を説明しようとしたことです。肉眼で見渡せる陸地も海面も平面状である。すべての物体は下方に運動する本質を持っている。これらが、彼らの経験的知識でした。その当時、物体が下方に運動することは、自然の性質であると考えられていました。地球の引力が、物体を下方に引っぱっているということは、ぜんぜん知りませんでした。このようにせまい経験知識が、大地全体にまで用いられると信じていたことが、彼らの大きなまちがいのもとだったのです。

さきに述べた、宇宙空間の果てについての疑問も、これとまったく同じまちがった考え方にもとづいているのです。

ところで、これは、超巨大な世界についての話ですが、これとは逆に、極微の世界についてもまちがった考え方が行なわれています。私が少年のころ、小学校の校長をしていた伯父(おじ)が、つぎのような話を私にしたのを記憶しています。

「原子は太陽系を小さくしたものである。原子の中心には原子核というものがあって、その周囲には電子というものがまわっている。原子核は太陽に相当し、電子は地球などの惑星(わくせい)に相当する。したがって、電子の表面には、ひじょうに小さい超微小人間が住んでいるかもわからない。太陽系をふくむ宇宙は、超巨大な人間の体の一部分かもしれない」

超微小な人間や、超巨大な人間がいるなどということについては、だれでも、まゆつばだと思うでしょう。しかし、原子は、太陽系を小さくしたようなものであるという説明は、いまでも一流の新聞や雑誌の科学記事の中で通用しています。じつは、これも、現代物理学からみれば、大まちがいなのです。

有名なドイツの詩人ゲーテ（1749〜1832）は、「自然はその全貌を現わさない」といいました。私たちが、地上で、視覚や聴覚などの感覚により直接知ることのできる範囲は、自然全体からみれば、きわめて小さい範囲です。それよりも巨大な世界か、それよりも微小な世界では自然の性質がまるで違うのです。感覚で直接的に得た知識を、自然全体に通用させようとすると、いま述べたようなまちがった考え方をするようになるのです。

古典物理学の創始者ニュートン（イギリス人、1642〜1727）は、「世間が、私自身のことをどう思っているか知らない。しかし、私自身にとっては、私は、海岸に遊んで、ときには、ふつうよりもつやつやした小石を見つけ、ときには、ふつうよりも美しい貝殻を見つけて喜んでいる子どものように思われる。だがしかし、真理の大海は、その子どもの前に探求されないままに横たわっている」といっています。

これは、万有引力（すべての物質の間に働く力。たとえば、太陽のまわりをまわる惑星の運行もこの働きによる）の発見という偉大な仕事をしたニュートンとしては、たいへん謙虚なことばです。ところが、この謙虚なニュートンでさえ、自分のことばに反して、海岸で得た知識で、大海の現象を説明するというまちがいを、知らず知らずのうちに、おかしていたのです。このことは「第五章　時間が遅れ、空間が縮む世界」であきらかになるでしょう。みなさんも、まだまだたくさんのまちがいをおかしているのではないでしょうか。

自然のおもしろさと神秘性を教えてくれる現代物理学

感覚的世界の物理現象は、ニュートンの運動の法則を基礎とした物理学で説明できます。感覚的世界は、常識の通用する世界ですから、それを説明する物理学も理解されやすいのです。そういう物理学は、古典物理学と呼ばれています。

ところが、超巨大な世界である宇宙と、超極微の世界である素粒子の世界は、感覚的世界とは異質の世界です。そして、そこでは、常識ではとても信じられないほど奇妙な現象が起こっているのです。その奇妙さは、人間のいかなる空想よりも、はるかに奇妙なものです。それらの世界は、超感覚的スケールの、空間と時間とエネルギーのミックスされた、奇妙で、かつ神秘的でさえある世界です。このような世界を説明するのに、古典物理学は通用しないのです。古典物理学を拡張して、超感覚的世界も説明できるようにしたのが、現代物理学です。

では、なぜ、物理学者は、かぎりなくその研究視野をひろめようとするのでしょうか。それは自然をいっそう深く理解しようとするためです。ところで、まえに述べたように、自然が多層的構造であって、それぞれの層の性質が、違っているのなら、いくら、自然に対する知識をひろめても、それが感覚的世界以外の層についてでは、私たちの生活になんの役にもたたないのではないかということが考えられます。

しかし、ここでちょっとことわっておきますが、多層的構造ということは、たがいに無関係な多くの層の重ね合わせだということではありません。自然は、もともと一つのものですから、それぞれの層は、たがいに密接な関係にあります。感覚的世界である私たちの実生活の場も、超感覚的世界から孤立したものではなく、反対に密接に関係しているのです。ですから、物理学によって、自然の理解がふかまれば、その知識は、科学技術に応用されて、人間の生活を豊かにすることに役だつのです。たとえば、電子工学（エレクトロニクス）の発展は、私たちに、人力では不可能な計算をやってのける電子計算機を提供しました。原子力の開発も、現代物理学の応用の一つです。

現代物理学のすばらしさは、それだけではありません。物理学者以外の人でも、それを理解すると、超感覚的世界の現象を通して、私たちに、自然の奇妙さ、おもしろさ、限りなく深い神秘性を教えてくれます。そして、そういう自然の神秘に挑戦した物理学的研究方法は、物理学者でない一般の人びとにとっても、物の考え方の参考として、おおいに役だつものと思われます。したがって、現代物理学は、現代人のエレガントな好奇心を満足させると同時に、現代生活の生きた教養として役だつものといえるでしょう。

新しい理論は、いつも常識外れである

この文を書いているとき（昭和37〈1962〉年11月）、原子物理学の創始者であるデンマークのニールス・ボーア博士（1885〜1962、ノーベル物理学賞を1922年に受賞）死去の報に接しました。それに関連して思いだされるのは、数年前、ニューヨークにおける物理学会の席上での彼のスピーチです。

その学会で、原子物理学の大家オーストリアのパウリ教授（1900年生まれ、ノーベル物理学賞を1945年に受賞）の素粒子に関する新理論の発表がありました。それが、1時間ほどで終わると、続いて、若い物理学者たちから、新理論に対する強い批判が出されました。そのあとで、ボーアはスピーチを要請されたのです。ボーアのスピーチはつぎのようなものでした。

「私は、パウリ教授の理論が常識外れだと認めます。しかし、この理論が正しいという可能性があると考えられるほど、十分に常識外れかどうかが問題です」

このことばの意味をすこし説明しましょう。これは、物理学の進歩の歴史では、超感覚的世界の現象を説明する新しい理論は、つねに当時の物理学の常識から考えて、

十分に常識外れだった、ということを示しているのです。したがって、十分に常識外れな論文は、正しいものである可能性があると考えられるのです。言いかえると、十分に常識外れであることが、正しい論文であるための必要条件なのです。常識の外れ方の不十分なものは、正しいものである可能性さえないのです。何年、何十年かのちには常識化される新理論も、発見当時には、発見者自身でさえも、真の意味が理解できなかったほど、十分に常識外れだったわけです。

たとえば、現代物理学の基礎であるアインシュタイン（1879〜1955）の特殊相対性理論（179ページ参照）は、発見当時、あまりにも常識外れにみえました。そのために、アインシュタインは、これほど偉大な大発見に対し、ノーベル賞を授与されなかったのです。いまから考えると、まことに奇妙な話です。

ところで、常識外れなことを考えることは容易であるようにみえます。しかし、たとえ、完全な思考の自由があたえられて、われわれが十分に常識外れなことを考え出そうとしても、その常識の外れ方は、常識と滞在意識の範囲外に出ることは困難です。したがって、十分に常識外れなことを考えだすということは、ひじょうに困難なことなのです。

現代物理学の進歩は、人間の頭脳の働きの偉大さを、十分に示したものといえましょう。そして、その働きのうちで、いちばんたいせつなものは、イマジネーション

(想像力)です。これについて、アインシュタインは、つぎのように言っています。

「知識よりも、イマジネーションのほうが、いっそうたいせつである」

では、私たちも、現代物理学の超感覚的な世界に分け入って、イマジネーションを養うことにしましょう。

2　宇宙には、果てがあるか

「宇宙は曲がっている」――アインシュタインの宇宙論

人間は自然を知りたいという本能的知識欲を持っています。その人間の知識欲をいちばん初めに、もっとも強く刺激したのが宇宙でした。穴居(けっきょ)時代の原始人が、山の上に立って夜空をあおいでいる光景を想像してみましょう。彼の頭のなかには、どんな考えが浮かんでいたでしょうか。それは超人間的な力の持ち主に対する恐怖であったかもしれません。

この宇宙の神秘は、原始人の心を刺激したのと同様に、現代人の知識欲も刺激します。しかし私たちの心に浮かぶものは恐怖ではありません。それは果てしなく見える巨大さです。そして、宇宙は有限か無限かという疑問です。この疑問に対し、はじめ

アインシュタインは空間が曲がっていると言った

て現代物理学の立場から解答をしたのが、有名なアインシュタイン博士でした。では、彼はこの超巨大な宇宙空間を、どんなものだと考えたのでしょうか。それについて説明することにしましょう。

むかしの人が大地に果てがあると考えたのは、せまい地上で得た経験的知識で、大地全体の構造を考えたからです。宇宙の果てを考えるということも、まえに述べたように、これと同じまちがいをおかしている、と考えられるのです。むかしの人には、平面としか考えられなかった大地が、意外にも、曲がった面、すなわち球面でした。球面は、広さ（面積）は有限ですが、果てがありません。これと同じように、宇宙空間も曲がっていて、その広さ（体積）は、有限であるが果てがないのだと考えてはいけないでしょうか。こういう奇妙な宇宙空間を考えだして、アインシュタインは、宇宙は有限か、無限かという疑問に答えたのです。

球面である地球の表面も、その一部だけを見れば、平面のように見えました。平面とは、数学的にいえば、直線を引くことのできる面です。しかし、地球の形がわかると、地球の面には、直線を引けないことがわかりました。私たちの知っている空間は、直線を引くことができます。しかし、これも、地球の面の場合と同じように、宇宙のごく一部の空間を観察したときにそう思えるだけであって、宇宙空間全体は、直線を引けない性質のものだと考えてはいけないでしょうか。

こういう考えにもとづいて、アインシュタインは、面に、平らな面と曲がった面があるように、空間にも、平らな空間と、曲がった空間がある。そして、私たちの経験の範囲では、宇宙は平らな空間のようであるが、宇宙全体では、曲がった空間であると考えたのです。

では、アインシュタインのいう、広さは有限であるが、その果てがないという空間は、どんな曲がり方をしているのでしょうか。いきなり空間の曲がりを理解することは、ひじょうに困難です。そこで、まず面について考えてみることにします。

「曲がり方がマイナスの面」は、ウマの鞍型をした面

面には、大きくわけて平面と曲面があります。私たちが見るところでは、曲面には、じつにさまざまな曲がり方があります。ところが、数学者は、平面もふくめて、すべての面を三種類に分類しました。この分類は、面の形や面の見かけ上の曲がり方による分類ではありません。見かけ上は、どんな形で、どんな曲がり方をしていても、かまいません。

いま、面の上に円を描いてみます。そうすると、初歩の数学でだれでも知っているように、平面上に描かれた円の面積は、その半径の自乗に比例して大きくなります。(円の面積＝半径の自乗×円周率) それでは、曲面上に円を描くと、その円の面積はどうなるでしょうか。この場合には、二つの可能性しかありません。すなわち、円の面積が、半径の自乗に比例して大きくなる (平面の場合) よりも、もっと大きくなるか、または、その逆に小さくなるかです。それで、数学者は、まえのほうは、曲がり方がマイナスの面、あとのほうは、曲がり方がプラスの面と呼ぶことにしたのです。そして、平面は、曲がり方がゼロの面です。

私たちは平面上を、かぎりなくまっすぐに進むと、無限の遠方に行ってしまって、ふたたび、もとの位置にもどってこないことを知っています。数学者は、曲がり方が

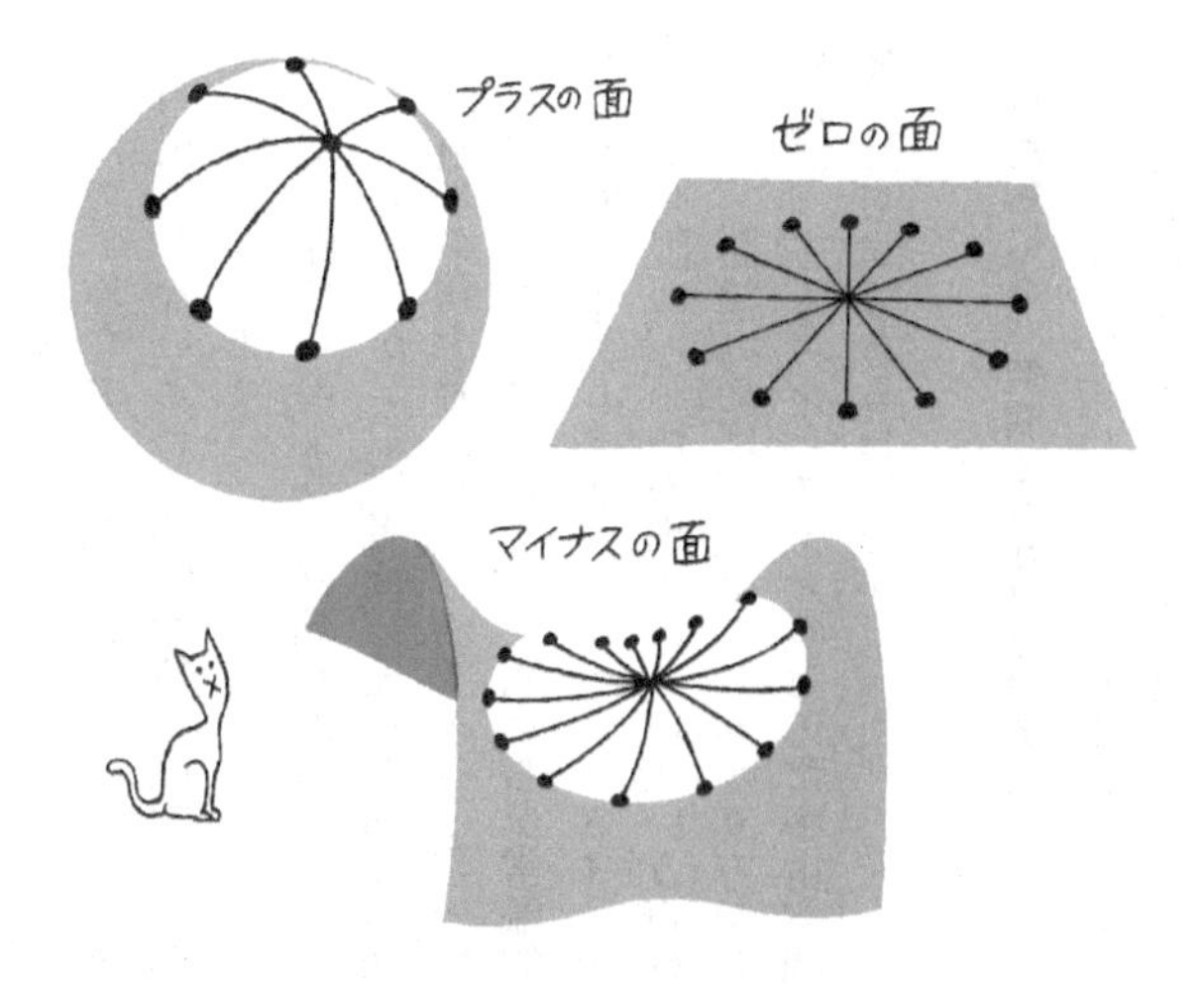

３種類の面と空間――面は曲がり方によって三種類に分けられる。平面はその曲がりがゼロの面である。曲がりがプラスの面とマイナスの面はそこに書かれた円の面積の大小で区別できる。空間にも、これらの面の種類に相当する３種類の曲がり方があると考えられる

マイナスの面も、これと同じ性質があることを証明しています。つまり、これらの面は、無限にひろがった面です。では曲がり方がマイナスの面とは、どんな面でしょうか。そのよい例は、ウマの鞍型(くらがた)をした面です。それは、サドル型面と呼ばれます。ウマの鞍や自転車のサドルの面は、その面の一部分です。

ところが、曲がり方がプラスの面は、前の二つの面とは違った性質を持っています。曲がり方のプラスの面のいちばんよい例は球面

です。球面上を一方向に進むと、ふたたび、もとの出発点にもどってきます。一方向に進んで、ふたたび出発点にもどってくる面は、面積が有限であるにもかかわらず、その果てがないという性質を持つ面です。前の2種類の面は、面積が有限ならば、その果てがあります。

さて、面にこのような種類があるならば、空間にも、いくつかの種類があるのではないでしょうか。数学者は、面を3種類の面に区別する考え方を空間にあてはめて、3種類の空間を考えることができると言っています。それは、曲がり方が、ゼロ、プラス、マイナスの空間です。私たちが常識的に考えている宇宙空間は、曲がり方がゼロの空間に相当します。アインシュタインの考えた宇宙空間は、まえに述べたように、体積が有限で、しかも果てがないという奇妙な性質を持っているものです。こういう性質は、面でいえば、プラスの曲がり方をしている面です。この考えを空間に当てはめれば、アインシュタインの考えた宇宙空間は、数学的にいえば、プラスの曲がり方をした空間であるわけです。

私たちには、空間の曲がりが見えない

ところで、宇宙は、プラスに曲がっている空間であり、それは面でいえば、球面のようなものだと説明すると、それは、日常生活で見るボールのような球体内の空間だ

と、誤解する人がよくいます。つまり、宇宙空間の形が、球体であると考え違いするわけです。しかし球体は、球面でかこまれた空間で、その空間が曲がっているとは限りません。空間が曲がっているかどうかは、形の問題ではなく、その性質の問題なのです。面の場合にも、その面が曲がっているかどうかは、その面が、三角形であるか、四角形であるか、円形であるかなどに関係なく決めることができたことを思いだしてください。

では、プラスに曲がった空間と、球面でかこまれた空間の性質をくらべて考えてみましょう。プラスに曲がった空間は前述のように、広さ（体積）は有限であるが、果てがない空間です。ところが、もし宇宙が球面でかこまれた空間（球体）だとすると、広さ（体積）が有限であることは同じですが、その果てがあることになります（その果ては球面です）。ですから、宇宙がプラスに曲がっているといっても、その形が球体だという意味ではないことがわかります。

では、プラスに曲がっている宇宙は、どんな形の曲がり方をしているのでしょうか。それは、私たちには、説明することばがないのです。その理由を説明しておきましょう。それには、空間の次元ということをまず理解していただく必要があります。数学では、線も面も空間として考えるのです。いままで、話をわかりやすくするために、面と空間という区別で通してきました。しかし、数学的表現によると、線は、１次元

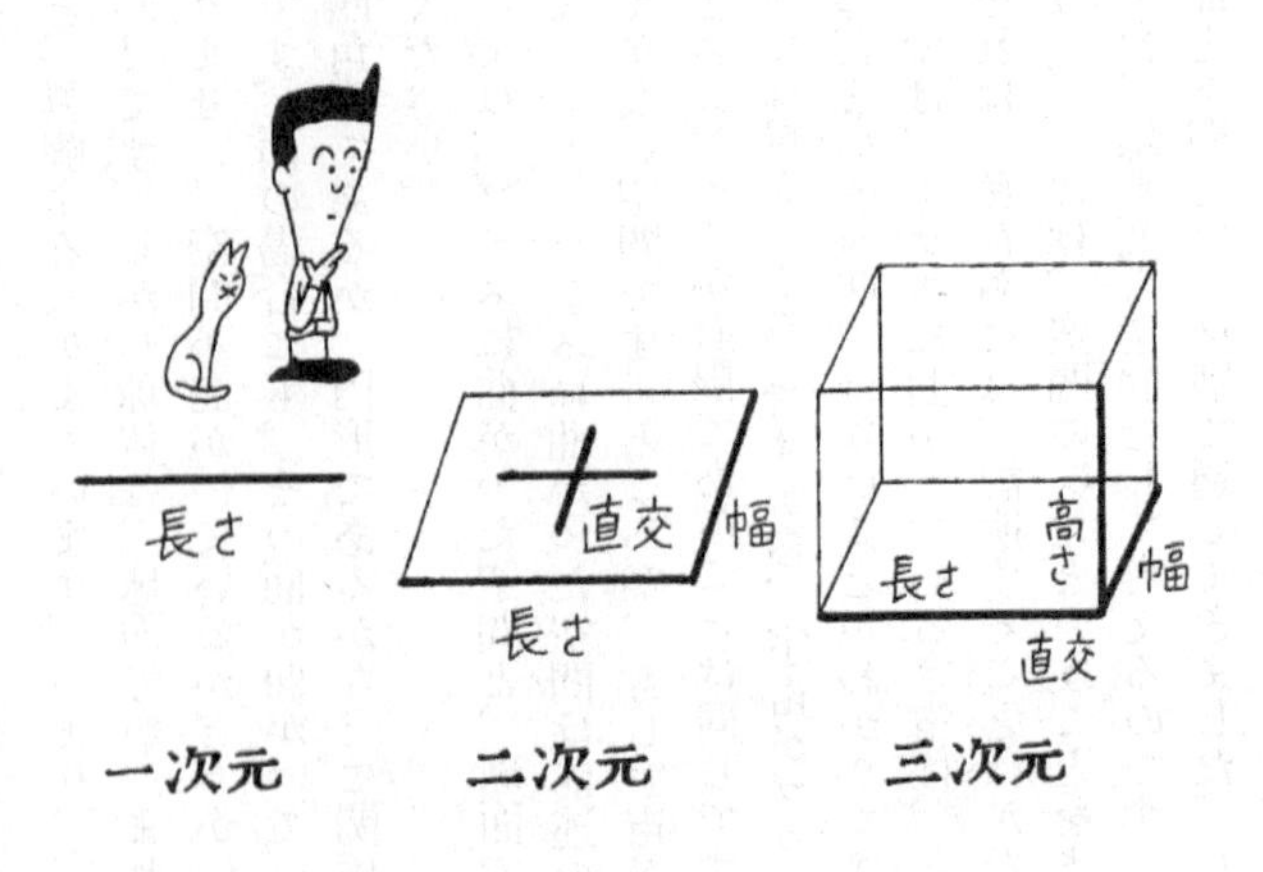

数学では、線も面も空間として考える。ふつう私たちが空間といっているのは、３次元空間である

空間、面は2次元空間、私たちがふつうに空間と呼んでいるのは、3次元空間です。1次元空間には、長さしかありません。2次元は、面ですから、長さと幅の二つの方向があります。3次元には、長さと幅と高さという三つの方向があります。2次元空間では、一点で直交（直角に交わる）できる直線の最大数は、2本です。3次元空間ではそれは3本です。

ところで、2次元空間（面）に住んでいる人間を想像してみましょう。彼には、高さというものがありません。ですから、もし、彼が住んでいる2次元空間が球面だったとしても、彼は、面の曲がりを目で見ることはできないでしょう。ですから、その曲がっている形がどんなであるか、説明することはできません。ただ、その曲がりの性質は、円の面積を計算することによって、数学的に知ることはできます。もし、彼が、球面の曲がりを目で見ることができたとしたら、すなわち球面の形を知ることができたとしたら、彼は、高さを持った人間になったということです。私たちと同じ3次元の人間になったのです。この話は、自分の住んでいる次元の空間の曲がりを見ることができないことを示しています。次元の低い空間の曲がりを見ることができるのです。

これと同じことが、3次元空間の曲がりについても言えるわけです。3次元空間に住んでいる私たちには、3次元空間の曲がりがどんな形をしているか、想像することはできないのです。3次元空間の曲がりが、どんな形か目に見える人がいるとすれば、その人は、4次元空間の人でなければなりません。4次元空間とは、長さ、幅、および高さ以外に、もう一つの方向を持った空間です。すなわち、一点で直交する4本の直線が存在できる空間です。

注　アインシュタインの宇宙論でも、4次元空間の考えが使われています。しかし、彼の4次元空間は、3次元空間に、時間を一つの次元として加えて、4次元にしたものです。したがって、ここでいう4次元空間とは意味が違います。

前を向いていて、自分の後頭部が見えるふしぎな空間

では、曲がった3次元空間にはどのような性質があるのか、考えてみることにしましょう。まえと同じように、面の性質をあてはめて考えることにします。曲がった面上では、直線が存在できません。もし、むりに直線をひけば、面からはみだしてしまいます。すなわち、2次元空間から、3次元空間へ飛びだしてしまうわけです。これと同じように、曲がった空間内では、直線が存在できません。

さて、球面（プラスに曲がっている面）上で面からはなれずに、あくまで一方向に進むと、地球一周旅行がそうであるように、いつかは、出発点にもどってきます。これと同じように、プラスに曲がった宇宙空間を、あくまで一方向に進むと、いつかは、出発点にもどってくることが考えられます。以上のことから、つぎのような、たいへん奇妙なことが想像できます。

もし、宇宙の果てを見ようとして、遠方がどこまでも見える望遠鏡を作ったとすれば、それで空の任意の方向をのぞくと、自分自身の後頭部が見えます。曲がった空間内では、光さえも直進できず、出発点にふたたびもどってくるからです。もし、直進できたら、曲がった空間内で、直線が存在することになります。そのことは、曲がっ

宇宙がプラスに曲がっていれば、宇宙の果てを見ると、自分の後頭部が見える

た空間の性質に矛盾します。だから、それは曲がった空間ではないことになります。

それでは、もし、プラスに曲がった空間内を、むりに直進したとしたら、どういうことになるでしょうか。読者のみなさんは、きっと、このような疑問を持つことでしょう。まず曲がった面である球面について考えてみましょう。球面で直進するということは、面の切線方向（球面上の一点から球の中心に向けて引いた線に直角の方向）に進むことです。こうすると、面からはなれて外へ出てしまいます。これは、すでに述べたことでわかるように、2次元の空間から、3次元の空間へ突入することです。この例から類推すると、曲がった3次元空間である宇宙をむりに直進すると、4次元空間にはいることになります。

ところで、3次元空間に住んでいる私たちは、ちょうどテレビや映画のスクリーン上の人間がスクリーン面（2次元空間）から3次元空間へ飛びだすことができないように4次元空間にはいることができません。たとえ、もし、4次元空間が実在したとしても、私たちはそこへ行くことはできません。

しかし、数学では、4次元空間だけでなく、5次元空間から無限大次元空間まで、考えることができます。それは、数学が、ある仮定の上に立てられた一つの論理体系だからです。仮定をかえることにより、種々な数学が作られるのです。したがって、種々な空間も作ることができます。このような人間の発明品である空間と、自然に実在する空間は、ほんらい無関係です。数学で4次元空間が考えられるからといって、自然に、4次元空間が、実在しなければならない、という理由にはならないのです。

それと同様に、数学で曲がった空間が考えられるからといって、それだけの理由から、私たちの住む実在の宇宙空間が、曲がっているとはいえないのです。ですから、アインシュタインが宇宙論で述べているように、はたして宇宙空間が、プラスに曲がっているかどうかは、宇宙を実際に観測してみなければわからないわけです。

では、実際に観測した結果はどうだったでしょうか。また、それは、どのようにして観測したのでしょうか。それについて説明するために、宇宙の構造についての知識がまず必要です。それで、つぎに、宇宙の構造について、ちょっとふれておきましょう。

銀河系が一回転するには、2億年かかる

夜空に輝いている星は、恒星と惑星に分けることができます。恒星は太陽のように自ら光を発しているものです。惑星は地球のように、恒星の周囲をまわっているものです。私たちが見ることができるのは、太陽に比較的近い恒星と、太陽系の惑星だけです。隣接した恒星と恒星の間の距離は、数光年（光の速度で飛んで数年かかる距離）です。太陽にいちばん近い恒星（アルファ・センタウリ）は約4光年（約40兆キロ）のところにあります(1)。

太陽には、おもな惑星が9個あります。太陽に近いものからあげると、水星、金星、地球、火星、木星、土星、天王星、海王星、冥王星(2)です。そして、太陽からいちばん外側の冥王星までの距離は、約1万分の6光年（60億キロ）です。それでは、太陽以外の恒星にも、惑星が随伴しているでしょうか。比較的多くの恒星が惑星を随伴していると推測されています。しかし、太陽にいちばん近い恒星までの距離でも、4光

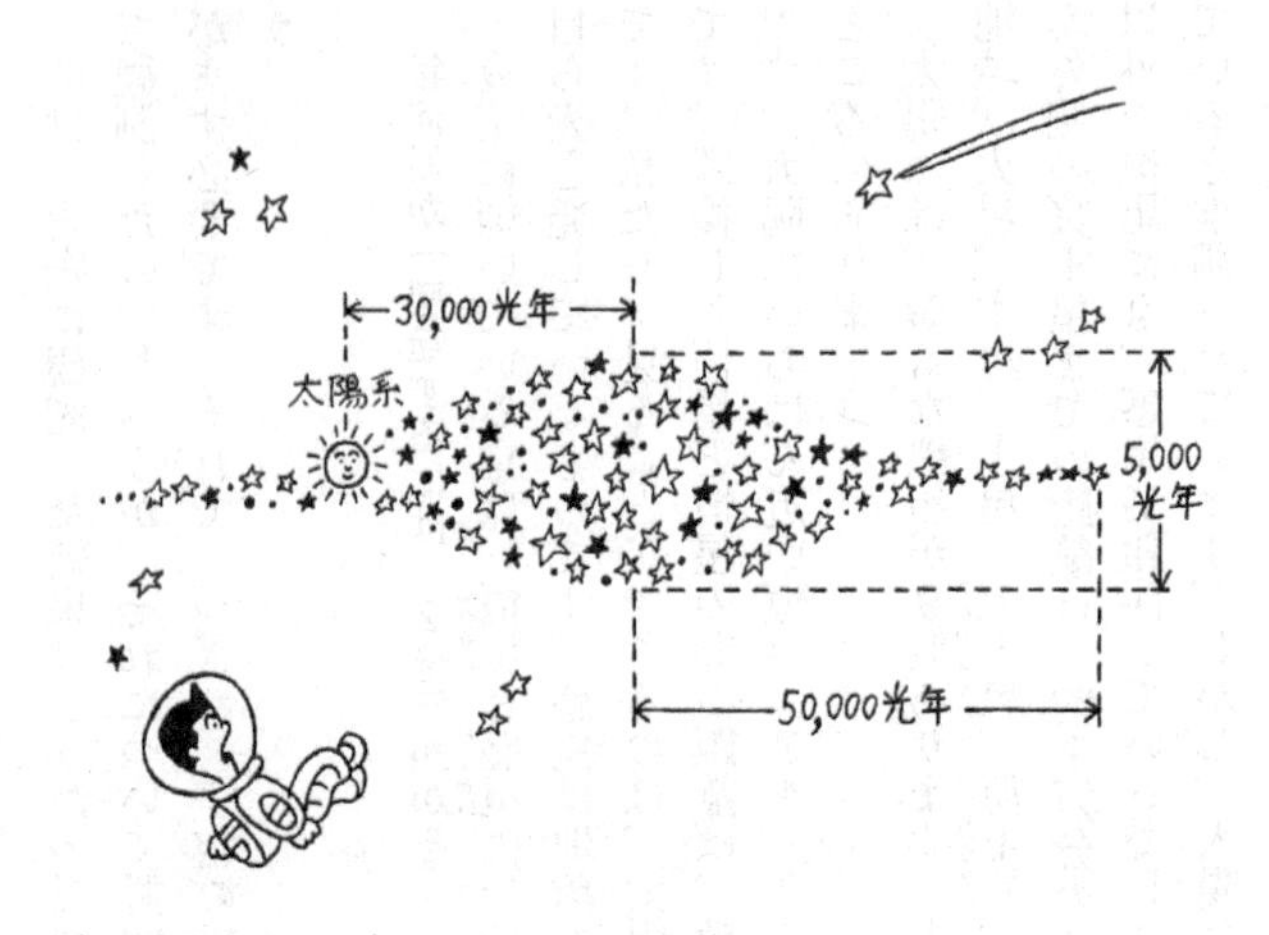

銀河系は遠くから見ると、うすい円盤型をしている

年ですので、その恒星がひきつれている惑星は、地球から見ることができません(3)。

私たちが夜空に肉眼で見ることのできる星は、太陽の惑星以外はすべて銀河系と呼ばれる恒星の一大集団の一部分です（この本では、これから恒星を、ただ、星と呼ぶことにします）。この銀河系の形は、銀河系から遠く離れた位置から見ると、薄い円盤状をしています。ですから、銀河系は、横の方向から見ると、帯状に星が密集して見えます。天の川と私たちが呼んでいるのはこれです。この円盤の直径は約10万光年で、その厚さは約3000から5000光年ということがわかっています。円盤の中心部分には星が密集し、周囲にいくにしたがって、うすくなっています。

円盤状の銀河系を真上から見ると、中心から周囲に向かって、星は渦巻き状になって分布しています。そして、私たちの太陽は、その渦巻き腕の端の方に位置しています。

なぜ、渦巻き状になるのかというと、銀河系全体として、中心部分ほど早い回転運動をしているからです。そのために周囲の腕は、早く回転している中心部分にひっぱられてまわり、全体として渦巻き状になっているのです(4)。銀河系全体は、一回転するのに、約2億年を必要とします。こういう、銀河系の構造は、望遠鏡ではよくわかりませんでしたが、最近、電波望遠鏡（157ページ）が発達したので、それがはじめてあきらかになりました(5)。

宇宙全体の星の数は1兆の1000億倍

それでは、銀河系の外の宇宙空間には、なにが存在しているのでしょうか？　天文学者が、銀河系の外まで手を伸ばし始めたのは、ここ30年ぐらい前からです。そして、観測の結果、宇宙の構造について、予想していなかった重大な手がかりを発見しました。

それは、銀河系の外の広大な宇宙空間に、数えきれないほどたくさんの銀河系と同種類の星の集団が散在していることです。これを島宇宙と呼ぶ人もいます。この発見は、アメリカの天文学者エドウィン・ハブル（１８８９〜１９５３）の功績です。彼は、カリフォルニアのウィルソン山天文台で、観測を行なっていました。そして１９２４年に、従来、星雲と呼ばれ⑥、ガスのかたまりと信じられていたものが、じつは、星の大集団であることを写真で証明したのです。

その後、彼の研究によって、星雲の宇宙における分布について、だいたい、つぎのことがわかりました。

比較的、銀河系に近い宇宙空間では、星雲は、だいたい一様な密度で分布していること。そして、星雲間の平均距離は約２００万光年であること。そして、星雲の数は、世界最大の望遠鏡（アメリカのパルマー山天文台⑦にある２００インチの反射望遠鏡）で見える範囲だけでも、約１兆（1のつぎに、ゼロが12個つく。これをつぎのように表わします。1×10^{12}）も散在していること。ところで、その一つの星雲は、銀河系と同様１０００億個（1×10^{11}）ほどの星の集団ですから、宇宙全体における星の数は、１兆の１０００億倍（1×10^{23}）よりも多いということになります⑧。まったく気の遠くなるほど大きな数といえます。この星雲についての知識から、宇宙空間が曲がっているかどうかを実測する方法が考えられました。

私たちが、中学校、高等学校で習った幾何学は、曲がりがゼロの平面上および空間内に描いた図形の幾何学です。この幾何学はユークリッド幾何学と呼ばれるものです。これに対して、曲がりがプラス、またはマイナスの場合の幾何学は、非ユークリッド幾何学と呼ばれるものです。ところで、ユークリッド幾何学の定理は、非ユークリッド幾何学では成立しない場合があります。たとえば、まえに述べたように、平面上では、円の面積は、半径の自乗に比例しますが、他の面上では比例しません。その関係は、つぎのようです。

平面（曲がりがゼロ）の場合……半径の自乗に比例。
球面（曲がりがプラス）の場合……半径の自乗に比例するより小。
サドル型面（曲がりがマイナス）の場合……半径の自乗に比例するより大。

ところで、空間に球面を描いて、その面で包囲された球の体積を測定するとしましょう。面の場合の類推から、つぎのことがいえるはずです。

曲がりがゼロの空間の場合……半径の3乗に比例。
曲がりがプラスの空間の場合……半径の3乗に比例するよりも小。

曲がりがマイナスの空間の場合……半径の3乗に比例するよりも大。

アインシュタインの予想に反した実測結果

さて、このような空間の幾何学的性質を利用して、実在の宇宙空間が曲がっているかどうかを知ることができます。その方法は、宇宙空間の実測できる範囲内に、ある点を中心として、いくつかの半径を持った球を仮想します。

そして、それらの球の体積が、半径の3乗に比例して、どう変わるかを調べます。その結果によって、宇宙空間の曲がりがわかるわけです。

ところで、宇宙空間内に仮想した巨大な球の体積を、どのようにしてはかることができるのでしょうか？

すでに述べたように、現在観測できる範囲では、星雲が、一様な密度で分布していることがわかっています。その星雲間の平均距離も、約200万光年ということもわかっています。そこで、この観測結果が全宇宙にあてはまると仮定します。そうすると、この宇宙空間内の球の体積は、その球内に存在する星雲の数に比例することになります。つまり、球の体積が大きいほど、その体積内の星雲の数は、比例して大きくなるといえます。そこで、逆に、球内の星雲の数を実測すれば、球の体積を知ることができると考えられます。

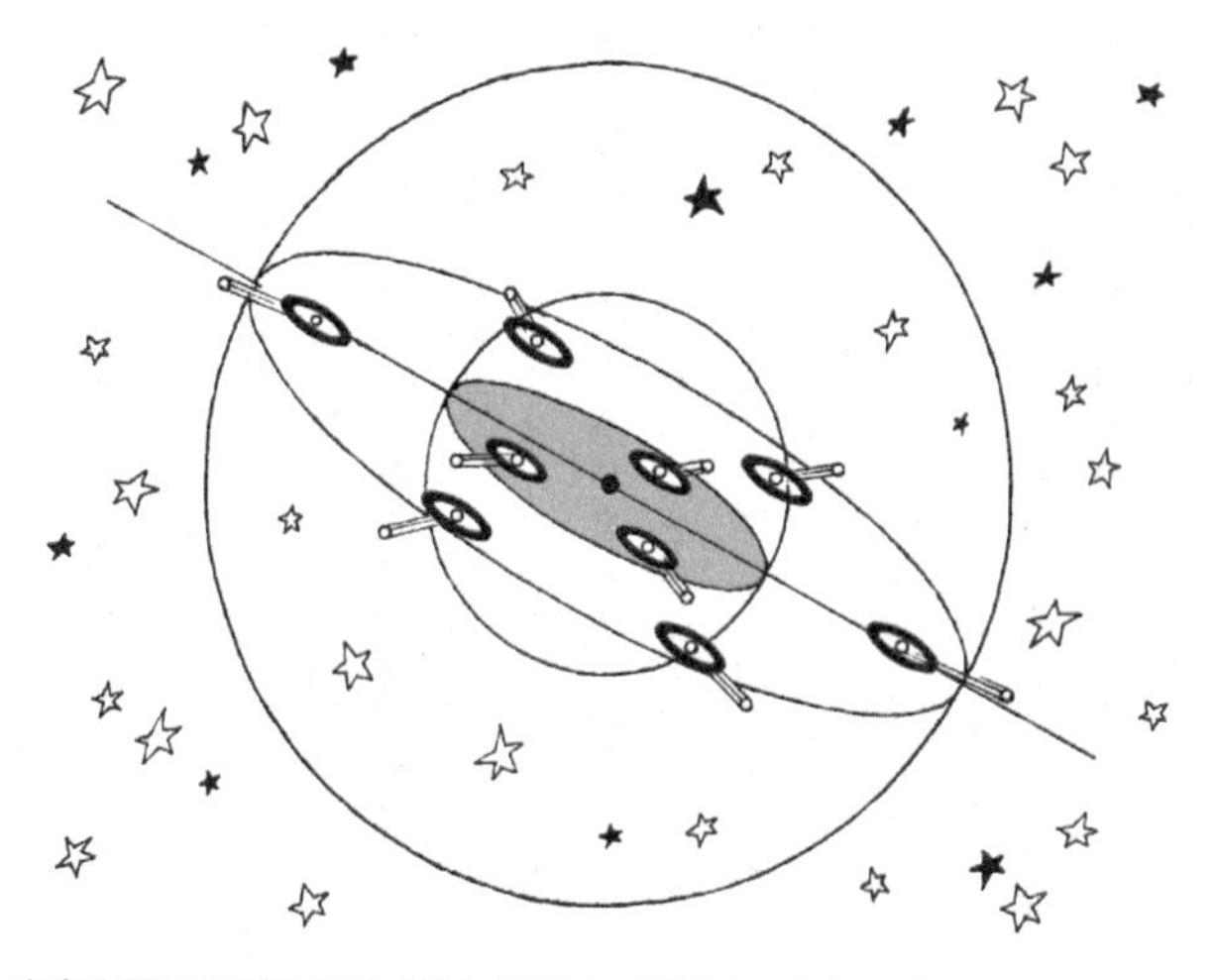

宇宙空間の曲がりを調べるためには、半径のことなる球を二つ宇宙にかき、その中にある星雲の数を調べて、球の体積を比較すればよい

たとえば、地球を中心にして、半径1億光年の球内に存在する星雲の数と、半径5億光年の球内の星雲の数を、実測して比較します。宇宙空間が、もし曲がっていない場合、言いかえれば曲がりがゼロの場合は、星雲の数は、後者が前者の125倍(5の3乗)になるはずです。もしプラスに曲がっているとすれば、125倍より小さく、もしマイナスに曲がっていれば、125倍より大きい、ということがとうぜん予想されます。

このような方法によって、アメリカの天文学者が宇宙空間の曲がりを調べたところによると、意外にも、アインシュタインの予想に反して、曲がりがゼロか、または、ほんの少しマイナスであるらしい、という結果を得ました。この観測結果は、まだ十分に信用できるほど確実ではありません。しかし、望遠鏡で見える範囲内では、とにかく、宇宙空間はあまり曲がっていないといえるのです。

けれども、これだけで、宇宙全体の曲がりについて、安易な結論を出すことは禁物です。その理由は、現在の望遠鏡で見えない遠方で、宇宙空間がどんなになっているか、ぜんぜんわからないからです(9)。

ところで、アインシュタインの宇宙論は、このように、曲がりの点で、観測結果と合わないだけではありません。現在では、さらに宇宙の観測が進んで、アインシュタインが、考えてもいなかったファンタスティク(空想的)な現象が発見されています。そして、その現象を考慮にいれていないアインシュタインの宇宙論は、静的宇宙論と呼ばれて、過去のものになりました。しかし、宇宙空間の曲がりという概念は、アインシュタインにより、はじめて考えられたものです。宇宙空間を考える方法として、非ユークリッド幾何学をつかったということは、物理学の宇宙に対する視野を、たいへんひろげました。そういう意味で、アインシュタインの宇宙論の功績は、まことに大きいと言わなければなりません。それでは、つぎに、新しく発見されたファンタスティクな現象について説明しましょう。

3　宇宙は、膨張している

20億光年遠方の星雲も、望遠鏡で見える

星雲の存在を発見したハブルは、とくに星雲の運動を観測することに熱中しました。この観測には、ヒューマソンが協力しました。そして、ひじょうに、ふしぎな現象を発見したのです。その発見というのは、宇宙が膨張しつつあるということです。彼はまず、すべての星雲から来るかすかな光が、少し赤みがかっていることを発見しました。

星（恒星）は太陽とだいたい同じものであることがわかっています。したがって、星からの光は、太陽光線と同じ白色光線です。それで星の大集団である銀河系以外の星雲（島宇宙）からの光も、太陽光線と同じ白色光線であるはずです。ところが、星雲からの光は、少し赤みがかっているのです。この現象は赤色変位⑽と呼ばれています。

白色光線は七色（赤、橙(だいだい)、黄、緑、青、藍(あい)、紫(むらさき)）の光の合成されたものです。7色の光のなかで、青、紫の部分を消してしまうと、その光は赤みがかって見えます。と

アメリカの天文学者ハブルは、宇宙が風船のように膨張していることを発見した

ころが、この場合は赤色変位とは言いません。

赤色変位とは、7色の光の波長が、全部一様に長くなることなのです。ところで、赤色は、7色の中でいちばん波長が長いのです。ですから、7色の光の波長が一様に長くなるということは、7色全部が、赤色のほうに少し移動することです。すると、7色が重なって、全体として白色だった光線が、赤みを帯びてくるのです。

赤色変位が起こる理由は、一つではありませんが、星雲からの光の赤色変位は、ドプラー効果[1]と呼ばれる現象で起こっていることがわかりました。ドプラー効果とは、たとえば、つぎのような現象をいいます。自分の乗っている列車が、ほかの列車とすれちがう場合を考えてみてください。たいていの人は経験していると思いますが、すれちがうまえには、相手の列車の出す警笛の音が高く、すれちがってしまったあとでは、同じ警笛の音が低く聞こえます。このような現象が、ドプラー効果と呼ばれるものです。

ドプラー効果の起こる理由は、警笛から前方（列車の進行方向）に出る音波は、圧縮されて波長が短くなり、反対に後方に出る音波は、引き伸ばされて波長が長くなるからです。人間の耳には、波長の短い音波は高く、長い音波は低く聞こえます。それで、同じ警笛の音が、高くなったり低くなったりするのです。

光も波ですから、音波と同様に、ドプラー効果が起こります。したがって、地球から見た星雲からの光が、赤色変位を示しているということは、その波長が長くなっていることですから、その星雲が地球から後退していることになります。こうして、ハブルとヒューマソンの観測した結果によれば、すべての星雲が後退運動をしていることになります。

ハブルはヒューマソンと協力して、１９２９年に、彼らの観測事実を基礎として、星雲の後退運動を表わす方程式を発表しました。これはハブル・ヒューマソンの方程式⑿と呼ばれ、きわめて重要な式です。この方程式は、星雲の地球からの距離と、その星雲の後退速度の関係を示すものです。それによって計算すると、星雲の後退速度は、遠方の星雲ほど早いことがわかりました。したがって、あたかも各星雲、つまり、宇宙全体が銀河系を中心にして、膨張しているように見えるのです。

これを、私たちの日常、見なれているもので考えると、つぎのようになります。

いま、一つの風船にたくさんの黒点を書きます。そして、それをふくらませていきます。風船がふくらむにつれて、最初は近かった各黒点間の距離は増大していきます。かりに、どれか任意の一つの黒点を中心にとって、その点から遠くにはなれていく、各黒点の運動を観察したとします。そうすると、遠方の黒点ほど早い速度ではなれていくのが見えます。この風船のできごとをそのまま宇宙におきかえて、風船上の各黒点が各星雲を表わすと想像してください。ハブル・ヒューマソンの方程式は、宇宙が風船のように膨張していることを示すものです。このことが、いかに私たちの感覚をはるかに越えた現象であるか、例をあげておきましょう。

アメリカのパルマー山天文台にある世界最大の望遠鏡を用いると、じつに20億光年遠方のかすかに光る星雲の姿を写真に撮ることができます。しかし、それは20億年むかしの姿です。しかも、宇宙は膨張しているのですから、その星雲は、いまは、そこには存在していないのです。

ハブル・ヒューマソンの方程式によって計算しますと、その星雲の現在位置は、約

33億光年遠方にあることになります。いま、その星雲から発せられている光が、地球に到達するときは、いまから、33億年も先になってしまうわけです。一言で33億年といいますが、そのときには人類がそれを見ることはできないでしょう。というのは、いままでの地球上の生物の歴史をみても、一種類の生物が、そんなにながく生存を続けたことがないからです。

天文学的時間と空間が、いかに巨大であるかがわかるでしょう。

宇宙の年齢は250億歳、大きさは半径50億光年の球体

さて、このように宇宙は膨張を続けているわけですが、この膨張が、過去から現在まで同一速度で続いていたと仮定すると、宇宙の誕生日を計算することができます。映画フィルムを逆回転して映写すると、時間を逆進させた光景を見ることができます。これと同じように、宇宙の時間を逆進させた光景を想像してみましょう。宇宙は収縮をはじめ、遠方の星雲ほど早い速度で、近くの星雲ほどおそい速度で、すべての星雲が宇宙のある一点に集まってくる光景が、目に浮かぶでしょう。この光景は、ちょうどまえに述べた、ふくらんだ風船が、すぼまりつつあるときに似ています。

いま収縮を開始したとすると、この宇宙の収縮が完了するには、どれくらいの時間がかかるでしょうか。ハブル・ヒューマソンの方程式から計算すると、それは今から

約50億年むかしとなります。この数字が宇宙の年齢を示すものと考えられるわけです。一見して、永久不変で、定状的に見える宇宙にも、誕生日があったのです。この宇宙の超感覚的時間スケールと比較すると、人類の歴史は、一瞬間にすぎないといえましょう。その一瞬にひとしい短期間内に、人類が、宇宙の年齢を知ることができたということは、まったく驚くべきことです。

50億年は、ハブル・ヒューマソンの式から出した宇宙の年齢ですが、別の方法で推定した宇宙の年齢は、これより大きな値です。それは、星雲の年齢から推定する方法です。星は生きもののように変化していきます。ですから、個々の星にも年齢があります。そして、その星の大集団である星雲にも、年齢があるわけです。そうすると、もっとも古い星雲の年齢が、宇宙の年齢にひとしいと考えられます。

わが銀河系は比較的若い星雲で、その年齢は、50億年と見積もられています。ところが、古い星雲の年齢は250億年ぐらいです。したがって、この観点から見ると、いまから250億年むかしに、すでに、宇宙が存在したことになります。この計算だと、銀河系は宇宙の誕生から200億年遅れて生まれたわけです。宇宙の時間と空間は超感覚的な巨大さです。いくら精密な機械を用いて観測しても、その測定値には相当大きな誤差がつきます。そのことを考慮に入れれば、観測の方法により、宇宙の年齢が多少違うことも納得できるでしょう。

では、膨張を続けている宇宙空間の大きさは、いったい、現在どれくらいのものでしょうか。宇宙の年齢を50億年と仮定して考えてみましょう。宇宙は50億年前には、極度に収縮していたのですから、超高温状態の素粒子のみから成る、その体積が太陽系ぐらいの大きさのルツボだったと考えられます。それが急激に膨張を始めたのです。現在望遠鏡で見える最遠方の星雲の現在の速度は、まえに述べたドプラー効果の測定から、光速度の約5分の3の速度です。ところが、現在見える星雲よりも先に、なお星雲があると考えられます。ハブル・ヒューマソンの式によれば、遠方の星雲ほど早く飛びますから、見えない星雲は、光速度の5分の3の速度以上の速度で飛んでいることになります。

いちばん外側の星雲は、いちばん高速度で飛んでいることになるわけです。それがわかれば、宇宙の大きさがわかります。ところで、いかなる物体も光速度、またはそれ以上の速度で飛べないということが、あとで述べる特殊相対性理論で証明されています。したがって、いちばん外側の星雲の速度は光速度の5分の3より大きく、光速度より小さい速度であると推定されます。ハブル・ヒューマソンの式によって計算すると、その速度は、ほとんど光速度に近いことになります。

以上の知識にもとづいて宇宙の大きさを考えてみましょう。宇宙が曲がっているかどうかは、まだはっきりわかっていませんから、ここでは曲がりを考慮に入れないで、曲がっていないと考えておきましょう。するとつぎのことが言えます。現在の宇宙空間は一点から膨張してできたとすると、その形は球形で、その半径は、だいたい光速度に50億年を乗じた値、つまり50億光年です[13]。

宇宙の外には、物質も空間もない

しかし、この話には、二つの仮定が用いられています。その一つは、50億年前の超高温のルツボであったときの宇宙の大きさが、太陽系ぐらいであった、ということです。この大きさを、現在知る方法がありません。この大きさが、もっと大きなものであれば、現在の宇宙空間は、半径が50億光年よりも大きなものです。また、50億年前に、もし、宇宙が無限大の大きさであれば、現在でも、宇宙空間の大きさは無限大です。無限大の大きさの空間は、常識的には考えにくいことです。しかし、宇宙自体が超感覚的なものですから、常識的に考えにくいことが起こってもよいわけです。もし、宇宙空間が無限大であれば、宇宙の果てはありません。

もう一つの仮定は、ここでは、宇宙空間がどこまでも曲がっていないと考えていることです。宇宙空間が、観測されない20億光年以上の遠方で、プラスに曲がっている可能性もあります。その場合は、アインシュタインの考えていたように、体積は有限でも、果てのない宇宙空間になります。その場合、前述のように、その宇宙空間の性質は説明できますが、形は説明できません。

そこで、結論として、つぎのことがいえるでしょう。現在の宇宙空間の形はどのようなものにしても、その体積は、半径が50億光年の球体よりも小さくないということです。ところで、もし、宇宙空間の体積が無限大でなく、そのうえ、どこまでいっても、プラスに曲がっていない場合には、宇宙空間の果てがあることになります。その場合には、果てから先になにがあるでしょうか？

物理学的に考えて、もし、宇宙空間に果てがあるとすれば、それより先は、物理学的方法で認識できない何物かである、というよりほかに答えはないのです。物理学的方法で認識できるものは、物質と空間です。それらの存在しない宇宙空間の果てに、さらに物質でも空間でもない、物理学的に知ることのできない別の何物かが存在するはずはありません。物質と空間の関係は、あとで述べます（276ページ以下）。そこを読んでから、もう一度、ふりかえって、この意味を考えてみてください。

【監修者注】
（1）現代ではアルファ・ケンタウリと呼ばれています。
（2）国際天文学連合の総会の決定により、冥王星（めいおうせい）は「惑星」ではなく「準惑星」となりました。

（3）観測装置の発達により、太陽系外の惑星がたくさん見つかるようになりました。系外惑星の発見は、2019年のノーベル物理学賞の受賞理由のひとつになっています。

（4）この仮説では銀河の渦巻の維持が困難であることがわかってきました。銀河の渦巻については、その後、いくつかの有力なメカニズムが提案されていますが、まだ解明には至っていません。現在でも研究が進められています。

（5）欧州宇宙機関（ESA）が2013年に打ち上げたガイア衛星が、十数億個の星の位置を測定したことで、銀河系の構造が徐々にわかってきました。

（6）本書における「星雲」は現在では「銀河」と呼ばれています。

（7）現代ではパロマー天文台と呼ばれています。

（8）アメリカ航空宇宙局（NASA）の発表によると、宇宙に存在する銀河の数は2兆個とされています。

（9）最新の観測でも、宇宙の曲率はほぼゼロという結果が得られています。ただし、その理由はわかっていません。

（10）現代では、「赤方偏移（せきほうへんい）」と呼ばれています。

（11）現代では、「ドップラー効果」と表記されています。

（12）現代では、「ハッブル－ルメートルの法則」と呼ばれています。

（13）宇宙論に関する研究はその後大幅に発展し、宇宙の年齢は約138億年と判明しました。この１３８億年に光速をかけたものを宇宙の大きさの目安とすると、１３８億光年となります。本書では、この後も宇宙年齢が50億年と表記される箇所がありますのでご注意ください。

第二章

極微の世界は、常識を破壊する

1　物質の最小単位は、なにか

一片のほこりの中にも、一つの宇宙がある

私たちの身のまわりに存在している、いろいろな物質は、とにかく、私たちの感覚の範囲内にあるので、超感覚的な巨大な宇宙にくらべると、そう常識を逸脱した性質は持っていないように思えます。そして、一般の人びとにも、物質とは、元素（1種類の原子でつくられているもの）か、または化合物（何種類かの原子でつくられているもの）であるということは、よく知られています。しかし、現代物理学からいうと、このようにわかりきっていると思われていることでも、これは正確な表現ではないのです。たとえば、元素でも、化合物でもない光も、物質の一種ということになるのです。そして、現代物理学からみれば、私たちによくなじまれている物質の内部にも、宇宙以上の秘密がかくされているのです。

目の前にある、小さいほこりを、一つ取りあげてみましょう。そのほこりの中にも、一つの宇宙があるのです。その複雑さは、いままで見てきた宇宙のそれに、けっしておとりません。しかし、ひじょうにたいせつなことは、ほこりの中の宇宙は、全宇宙の縮小図でもなく、また、私たちの眼前に見える世界の縮小図でもありません。それ

は、幾何学的な形や大きさの相違だけではなく、質的にも違ったものです。それでは、どのように質的に違っているのでしょうか？　この章は、そのことを説明するのが目的です。しかし、その説明をするのに、物質の構造についての予備知識が必要です。

古代中国、インドでは、すべての物質は、地、水、火、風、空の五つの合成より成っている、という五大説がありました。また、古代ギリシャでは、紀元前6世紀に、ギリシャのミレトスのターレス（BC624ごろ～548）が「水はあらゆる物の物質的原因である」といっています。これらの考え方は、人類が物質の内部構造にまで考えおよばなかった段階のものです。しかし、今日の知識からみれば、まったくばかげたこの考え方の中に、じつは現代物理学思想の芽ばえを見ることができるのです。それは、多種多様な物質を、少数の素原物質の集合として説明しよう、という思想です。

それから、紀元前5世紀ごろになると、物質の内部構造が考えられるようになりました。そのとき、問題の焦点は、物質はどこまでも、かぎりなく細分できる連続体であるか、または、これ以上細分できない物質の最小単位の集合より成っているか、ということでした。この問題について、ギリシャのレウキポス（生没不明）、デモクリトス（BC460?～370?）は、これ以上細分できない物質の最小単位があると考えて、それをアトムと名づけました。アトムとは、分割できないもの、というギリシャ語です。日本語では「原子」と呼んでいます。

彼らのアトム説は、実験事実にもとづくものではなく、彼らのイマジネーションでとなえられたものです。ところが、このアトム説は、現在の原子論とよく一致します。ただまちがっている点は、すべての物質は、直接的に原子から成ると考えたことです。ほんとうは、幾種類かの原子が結合して分子を作り、その分子が集まって物質を作っているのです。したがって、物質の性質を持った、物質構成の最小単位は分子です。しかし、このことがわかったのは、ずっとのちの18世紀の後半になってからでした。そのころになって、化学の実験技術が進歩し、多くの元素（水素、酸素、窒素など）が発見され、化学反応を説明するため、原子の存在を仮定する必要がでてきたからです。

1804年、イギリスのドルトン（1766～1844）は、実験事実に基礎をおいた原子仮説を発表しました。しかし、その仮説では説明できない化学反応が発見されました。そこで、その化学反応を説明するために、イタリアのアヴォガドロ（1776～1856）が、ドルトンの原子仮説を修正しました。すなわち、分子の存在を考えたのです。

原子は、電気力で二つの部分に分けられる

こうして、物質は、分子より成り、その分子は幾種類かの原子が化合してできている、ということが明確になりました。物質の中には、分子を作らずに1種類の原子よりできているものもあります。それらは、鉄、アルミニウム、炭素などの固体状態の元素です。また、酸素、窒素、水素などの気体状態の元素は、同一種類の原子が2個化合して分子を作っています。このような原子、分子の発見は、化学反応の実験から、理論的推理によって、なされたものでした。物理学的方法で、原子、分子の存在を実証できたのは、今世紀になってからのことです。

では、原子はその名のように、不可分の存在なのでしょうか。化学反応ではたしかに不可分なものとしてふるまっています。ところが、物理学的な実験によると、原子は不可分なものではなく、ある構造を持った複合体であることが、あきらかになったのです。それは、気体の中の電気放電現象の研究によって、あきらかにされました。分子と原子は、全体として、電気的に中性です。したがって、分子の集まりである気体は、電気を流さないはずです。ところが、気体中に電気が流れるという、電気放電現象が、19世紀初期の電気学者により発見されていました。このことは、気体が電気的に中性でないことを示しているわけです。この放電現象の謎を、はじめてあきらかにした人が、イギリスのJ・J・トムソン（1856～1940）です。それは1897年のことでした。

彼は、電気力が、気体中の分子や原子を、電気を持った二つの部分に分割することを知りました。その結果、気体は電気的に中性でなくなり、電気が流れることができるのです。彼はさらに、分割された一方は、その質量が原子よりはるかに小さく、陰電気を持ったものであることを発見しました。そして、それが電子であることを確認したのです。

電子とは、電気量の最小値をになう、もっとも質量の小さい粒子の意味で、こういう粒子が存在するらしいことは、１８７４年アイルランド人のストーニー（１８２６～１９１１）によってとなえられていました。トムソンは、ストーニーの予想した電子の実在を実証したのです。電子の質量をグラム単位で表わすと、小数点以下にゼロが27個もつきます。電子の質量がこのように小さいということが、あとでくわしく述べるように、極微の世界を、特異なものにしているのです。分割されたもう一方のものは、陽電気を持っていて、電子にくらべて質量がひじょうに重く、それは、イオンと名づけられました。

注　質量の大小を表わすのに、重い軽いの表現を用いることがよくあります。この本でも、その表現をこれから、ところどころで用います。しかし、物理学でいう質量とは、つぎのようなものです。物体は外力が作用しない場合には、一定の速度（等速度）で運動します。そして、その速度をかえるためには、外力を作用させる必要があります。ところが、物体に同じ強さの力が作用しても、物体の種類、大きさなどにより、速度の変化の程度が違ってきます。その場合、その速度の変化の程度をきめるものが、その物体の質量です。質量の大きい物体ほど、速度の変化の程度は小さくなります。

地上で測定すると、質量と重さは、同じ大きさで、ともにグラムで表わされます。しかし、質量と重さの物理学的意味は違います。重さとは、地球と物体との間に作用する引力の強さを示すものです。したがって、同じ物体の質量は、どこで測定しても、つねに一定ですが、重さのほうは、同じ物体であっても、それを地表で測定する場合と、地表よりも引力が弱い高空で測定する場合とでは違ってきます。重さは、地表では重く、高空では軽くなります。

1立方センチに原子核をつめこめば、1億トンの重さになる

原子爆弾の出現によって、第二次大戦以後、原子の名は一般の人びとにも、なじみ深いものになりました。そして、原子は、中心に原子核があり、その周囲に電子がまわっている、と通俗的に説明されています。この原子の中に原子核が存在することを発見した人が、イギリスのラザフォード（1871～1937、ノーベル化学賞を1908年に受賞）です。この発見は1911年のことでした。原子核は陽電気(1)を持ち、

その質量は、電子の2000倍ほどもあることは、すぐ実験的に見いだされました。原子核はこのように重いので、1立方センチの箱に、もし原子核だけをぎっしりいっぱいにつめこむと、じつに1億トンになります。このように、電子の質量が、核の質量に比べてひじょうに小さいため、原子の質量は、だいたい核の質量と同じになります。原子核が発見されてから、さらに20年かかって、原子核の内部構造があきらかにされました。核の内部構造の解明は、一人の物理学者の発見によるものではなく、多くの発見の集積によるものです。

原子核は、陽子と中性子と呼ばれる2種類の粒子が、それぞれ何個か強く結合してできた、かたまりです。この陽子と中性子を核子といいます。陽子と中性子は、その質量がだいたい同じで陽子は陽電気を持っていますが、中性子は電気的に中性です。電子と陽子の持っている電気量は同じで、どちらも電気量の最小単位に当たります。つまり、それは電子の持っている電気量と同一です。

陽子と中性子、陽子と陽子、中性子と中性子は、核内でたがいに強く結合していますが、結合した状態のままで、はげしい運動をしています。

原子の性質は、電子が決める

自然に存在している原子の種類の数は92です。その中でいちばん軽いのが水素、いちばん重いのがウラニウム(2)です。ところが、第二次大戦以後、ウラニウムより重い原子が人工的に作れるようになり、11種類の人工新原子が生まれました。しかし、それらは全部が不安定な原子でしぜんに崩壊してしまいます(3)。

それでは、原子にどうして、このように多数の種類があるのでしょうか？　それを決めるのは根本的には、原子核内の陽子の数なのです。核内の陽子数が1、2、3、4……と変わるにしたがって、原子の種類は、水素、ヘリウム、リチウム、ベリリウム……と変わっていきます。原子には、原子番号というのがつけられていますが、この数は陽子の数と一致します。たとえばウラニウムは、陽子数が92ですから、その原子番号は92です。この陽子は、陽電気を持っているから、陽子数の多い核ほど、陽電気を多く持つことになります。もう一つの核の構成要素である中性子は、陽子の数にほぼ比例してふえます。ただし、水素の原子核には、中性子はありません。中性子は電気を持たない中性ですから、核内の中性子数の多少は、核の電気量に無関係です。ただ、核の質量の大小に関係するだけです。

ところで、原子は、化学反応のさいに、その種類によって反応のしかたがちがいます。それは化学的性質がちがうからです。それでは、種々さまざまな原子の化学的性質も、核の陽子数によって決められるのでしょうか。根本的にはそうです。しかし直接的ではありません。いま述べたように、陽子数の多い核ほど、陽電気を多くもつことになります。ところが、原子は全体としては電気的中性のものです。したがって、陽子と同数の電子が核外に必要になります。こうして、陽子の数は電子の数を決めます。さらに、核内の陽子数は核外電子のエネルギーも支配します。こうして決められた、核外電子の数とエネルギーが、化学的性質を支配するのです。

まえに述べたイオンは、核外電子数が、なんらかの原因でふえたり減ったりして、核の陽子数より多すぎるか、または、少なすぎる状態になったものです。前者は陰電気を持ったイオン、後者は陽電気を持ったイオンです。

ふつうの水素原子は、1個の陽子である核と1個の核外電子よりできています。ですから、水素原子イオンは、水素原子の原子核と同じです。したがって、水素原子については、イオン＝原子核＝陽子となります。

さて、これまでに述べたことから、極微の世界の構成員として、3種類の粒子があることがわかりました。つまり陽子、中性子、電子です。物理学では、これら3種類のものを素粒子と呼んでいます[4]。この3種類のもの以外にも、素粒子と呼ばれるものがありますが、ここでは、物質構成員として、直接に関係のある3種類をまずあげておきましょう。そして、以上の予備知識を基礎にして、極微の世界の謎について説明しましょう。

2　極微の世界の不思議

二重人格の怪物・素粒子

これらの素粒子は、すべて私たちの常識では考えられない不思議な性質を持っています。それは、ひとくちにいえば、二重人格者のような性質なのです。というのは、素粒子はあるときは、波の姿を私たちに見せますが、あるときは粒子の姿で現われるのです。私たちがそれを見る方法により、まったくちがった姿を見せるのです。

ところで、波と粒子の姿があまり違わないものであれば、これらの話も、あまり大きな問題ではないかもしれません。ところが、波と粒子は、相反する両極端の性質をもっています。ちょっと常識的に考えても、粒子は弾丸のような物質の小さいかたまりで弾道を描いて飛ぶものです。これに対し、波の姿はどうでしょう。静かな池に小石をほうりこんでみましょう。小石の落下点を中心にして、同心円状に水面の波が広がっていきます。そして、ついに、池の大きさいっぱいに広がってしまいます。これが、私たちの目に見える波の姿です。素粒子は、あるときは弾丸の姿で現われ、あるときは水面上の波のような姿で現われるのです。

しかし、私たちは、この素粒子の姿を肉眼で直接に見ることはできません。物理学

極微の世界の住人は「ジキル博士とハイド氏」のような二重人格者ばかりだ。波の姿であらわれたり、粒子の姿であらわれたりする

者は、どのようにして、素粒子の姿を知ることができるのでしょうか。そして、どういう場合に、素粒子は波になったり、粒子になったりするのでしょうか。

つぎに、それについて説明するのですが、そのまえに、波と粒子の物理学的意味を、はっきりさせておきましょう。

私たちの常識にある波は、池や海における波のイメージで代表されています。これらの波は、波の媒質（波がそれによって伝わるもの、池の波の場合は水）の運動が、直接に目に見えますから、ひじょうにわかりやすいものです。このように、私たち

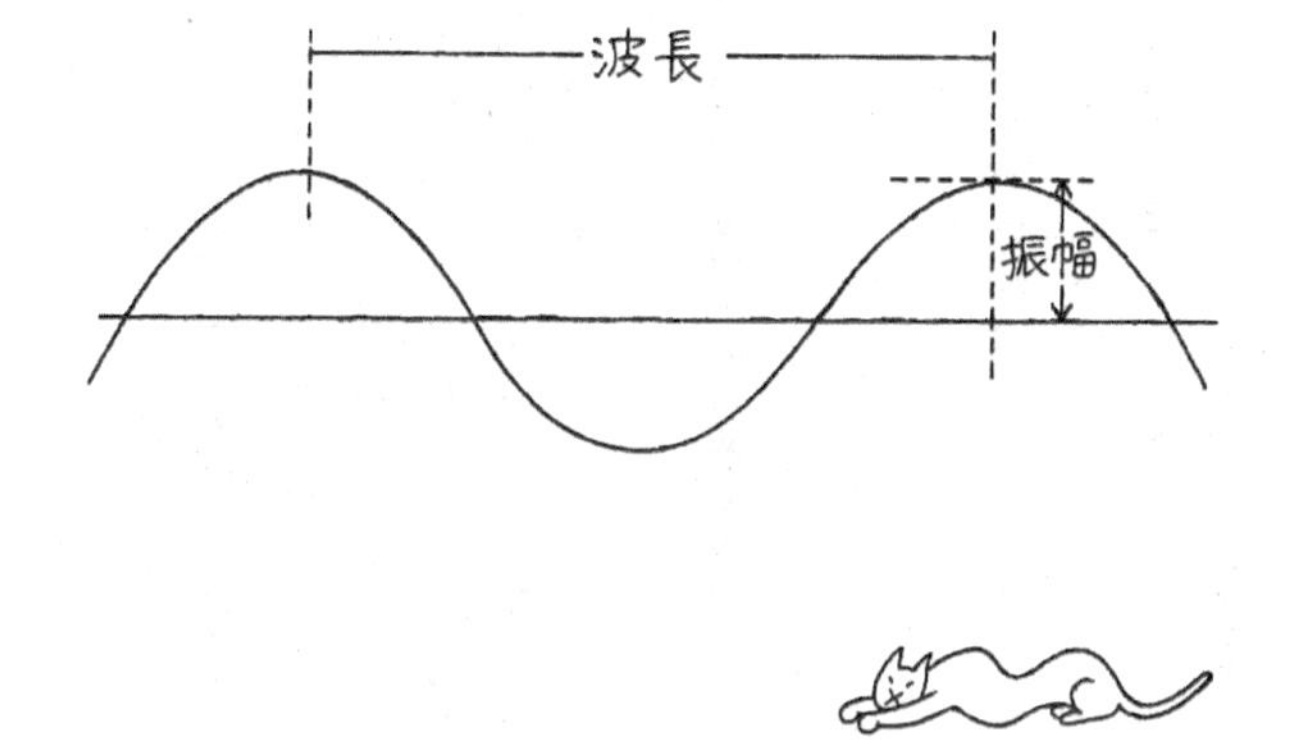

波には、波長、振幅、振動数という三つの性質がある。これを持つものは、すべて波である

が常識で考える波は、その波のイメージが見えるということに重点をおいています。しかし、物理学者の考える物理的な波は、波のイメージが見えることを必要としていません。

　物理学者は、波のもつ物理的性質から、波の特性を抽象化して、その抽象化されたものを持つ現象を、すべて波と呼んでいます。その抽象化された特性とは、波長、振動数、振幅（しんぷく）などです。波長は、波の山と山の間の距離、振動数は、一秒間に、山、また谷のできる回数、それから、振幅は、山の頂上の高さ、をそれぞれ表わします（波長と振動数は、逆比例の関係にあります）。

たとえば、音は、目に見えませんが、これらの性質を持っていますから、やはり波で、音波と呼ばれます。音波の媒質は、たとえば、空気中を音が伝わる場合は、空気です。水の中を伝わる場合は、水が媒質となります。このように、音は、物質的媒質がなければ伝わりませんから、たとえ目に見えなくても、まだ、理解しやすいものです。ところが、もっとわかりにくい波があります。それは、光です。光は真空を媒質とするのです。真空が波うっている光景は、見ることはもちろん、想像することもむずかしいでしょう。

水面上の油の反射で光が波であるとわかる

では、音や光のように、波のイメージが目に見えない現象でも波であることを、いかにして知ることができるのでしょうか？　その方法は、主として波の干渉現象にたよっています。波は目に見えるものも見えないものも、干渉現象を起こします。逆にいえば、干渉現象を起こすものは、波であるということができます。波の干渉現象とは、たとえば、つぎのようなものをいいます。それは、二つのべつべつの波が重なりあったときに起こる現象をいいます。一つの波の山と他の波の山が重なり合うと、二つの波はたがいに強めあって、合成された波の振幅が大きくなります。また一つの波

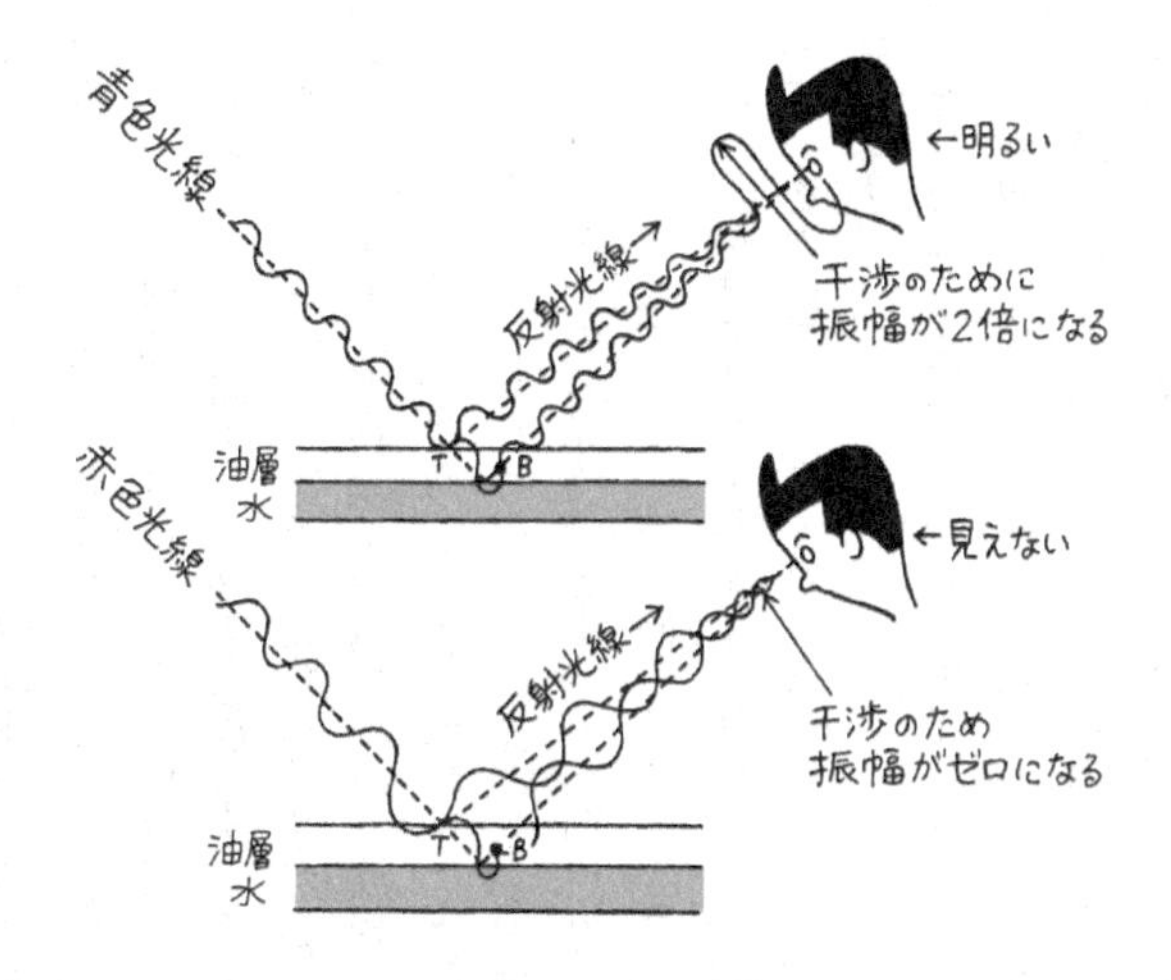

光が波であることを示す干渉現象――太陽光線が反射して、青く見える場合が上である。油層の厚さと太陽光線中の青色光線の波長が同じなので、青い色が強められる。反対に赤色光線は下のように弱められる

の山と、他の波の谷が重なり合うと、二つの波はたがいに弱めあって、合成された波の振幅が小さくなります。これが波の干渉現象といわれるものです。

その一例として、だれでも経験したことがあると思われる現象をあげましょう。それは、水面上に少量の油を流した場合です。油は水より軽いので、水面の上に油の薄い面ができます。そこへ、太陽光線が当たると、油面は色づいて見えます。これは、光の干渉現象の一例なのです。太陽光線が油面に当たると、そこ

で、二つに分かれます。一つは油面で反射する光、他の一つは、油面を透過して、下の水面に達して反射してくる光です。したがって、私たちが油面を見るときには、目に二つの反射光線がはいってきているのです。一つは油面からの反射光線、他の一つは油面の下の水面からの反射光線です。そして、前者よりも後者のほうが、油中を光がだいたい往復した距離（光路差と呼ぶ）だけ、多くの距離を走っています。いま、かりに、油中の光路差が青色光線の一波長にひとしかったとします（太陽の白色光線は7色の合成で、ここでいう青色光線は、その7色の中の一つです）。

そうすると、もし、その青色光線が、ちょうど油面にはいるときに山の状態であれば、それが油中の光路差を走って油面に近く出て来たときも、山の状態です。そのわけは、一波長ごとに、波は同一状態をくりかえすからです。したがって、この場合は、油面で反射する青色光線も山の状態ですから、二つの青色反射光線は、山と山が重なって、その振幅が大きくなります。光の波の振幅が大きくなると、その光はあかるく見えます。

それでは、太陽光線中の赤色光線はどうなるでしょうか。赤色光線の波長は、青色光線の波長の約2倍です。したがって、もし、赤色光線が油面にはいるときに山の状態であれば、油面に近く油中から出てきたときは、谷の状態です。したがって、この場合は、まえの場合とは反対に、二つの赤色反射光線は、山と谷が重なって、その重なった波の振幅がゼロになります。振幅がゼロの波は見えません。それで、油面からくる光は、油面を照らした白色光線から赤色光線を消し去り、青色光線を強めた光になります。それは、だいたい、青色がかった色に見えます。油面の厚さが変わると、光の油中の光路差の大きさも変わり、前述の現象が、違ってくることも起こります。たとえば、赤色光線が強めあって、油面が赤色に見えることも起こります。また油面の厚さが、光の波長にくらべて、ひじょうに厚いと、油面が色づく干渉現象が、よく見られなくなります。そのわけは、前述の二つの反射光線が、あまり離れすぎて、よく重ならなくなるからです。

このような光の干渉現象がよく観察されるためには、水面上の油層の厚さが、可視光線の波長程度（約1万分の8ミリから、約1万分の4ミリ）である必要があります。これより油面が厚いと、干渉現象がよく観察できなくなります。油面の色がいろいろ変わって見えるのは、水面上の油層の厚さが、偶然に、可視光線の波長程度になっていたからなのです。

このように、水面上の油が色づいて見えるということは、光が波である有力な証拠であるわけです。このように干渉現象を起こすのが、波の特徴であるわけです。

素粒子の大きさは、１兆分の１ミリ

それでは、つぎに、粒子とはどんな性質を持つものでしょうか？　粒子とは、ニュートン力学によると、任意の時刻に、きまった質量、速度、位置を持ったものをいいます。さて、粒子であるかどうかの判定は、どうやってするのでしょうか？　それは衝突現象で知ることができるのです。運動している粒子は、運動エネルギーを持っています。その大きさは、粒子の速度が大きいほど大きく、その質量が大きいほど大きいのです。そして二つの粒子が衝突したとき、大きな運動エネルギーを持った粒子から、小さい運動エネルギーを持った粒子に、運動エネルギーの一部分、または全部が移動します。

波は、無限に広がる可能性を持っています。たとえば光は、少なくとも、その波長の何千、何万倍の空間に広がります。じっさいに、波には、厳密な意味で大きさというものは考えられません。いくらでも、広がることのできる性質のものです。これに対して粒子は、その大きさが有限で、波の広がりから考えれば、大きさは小さいものです。とくに素粒子は、その大きさが１兆分の１ミリ以下の小さなものです⑸。直感的に、粒子像と波の像の相違を知るには、この桁（けた）はずれの大きさの相違を考えれば、いちばんよく理解できます。大きさが１兆分の１ミリの素粒子が運動すれば、それが通ったシャープな道跡（軌道）が考えられます。ところが、いくらでも広がることのできる波が通ったとき（たとえば音波）、その道跡は、シャープな線ではなく、広い空間です。これらのことから、この二つの性質を素粒子が持っていることは、ずいぶんおかしなことだということがわかるでしょう。

「光は波」という確信はくずれた

さて太陽光線のもとで、水面上の油が色づいて見えることは、前述のごとく、光を波と考えなければ説明できない現象です。光が波であることを証明する物理学的実験は、他にもいくらでも見いだされています。そういうわけで、物理学者は、光が波であることに、一点の疑いももたなかったのです。ところが、1888年、ハルワックスという人が、光を波と考えては、どうしても説明できない、たいへん奇妙な現象を発見しました。それは、つぎのような現象です。

良導体、つまり電気をよく流すことのできる金属内には、自由に動く多数の電子が、たえず、あらゆる方向に不規則に流れています。この電子は、ふつう自由電子、または、電子ガスと呼ばれています。私たちがふつう電流といっているものは、この電子ガスの流れが、総体として一定方向に向かっている場合です。さて、このような金属に光を照射すると、金属内のごく表面近くに存在する電子ガスが、光エネルギーを得て、金属外へ飛びだしてくる現象があります。この飛びだしてくる電子を、光電子、この現象を、光電効果と呼びます。

光が波であることは、すでに述べました。ところで、波のエネルギーは振幅の大きい波ほど、大きいのです。光も波であるなら、振幅の大きい光、すなわち明かるい光ほど、エネルギーが大きいことになります。では波である光が、電子ガスの一つに当たったら、どんなことが起こるでしょうか？　光を海の波に、電子を小さいボートにたとえてみましょう。大きな波をうけたボートは、空中へほうりとばされることも起こります。波の振幅が大きいほど、ボートは強く動かされるか、または、空中へ、いっそう高くほうりとばされます。したがって、明かるい光で金属を照らすほど、大きいエネルギーの光電子が飛びだしてくるはずです。

ところが、前述の光電効果の実験結果は、まったく予想を裏切ったものでした。金属を照らす光の明かるい暗いは、飛びだしてくる光電子のエネルギーには無関係で、ただ、光電子の数を増したり減らしたりしました。そして、光電子のエネルギーを左右したのは、光の色（波長）だったのです。赤い光で照らすよりも、青い光で照らすほうが、飛びだしてくる光電子のエネルギーが大きかったのです。

「光は粒子でもある」——アインシュタインの光子説

アインシュタインは、光電効果を説明するために、１９０５年に、有名な一つの論文を発表しました。それは光子説（光量子説）をとなえたものです。その論文の中で、彼は、光電効果は光を波と考えたのでは説明できない、光を粒子と考えるべきだと主張したのでした。その光子説によると、光のエネルギーは、多数のエネルギーのかたまりになって飛んでいる。そして、その一つのかたまりのもつエネルギーは、その光の波長に逆比例しているとしたのです。そのかたまりを、彼は光子（光量子）と呼びました。

注　波長とエネルギーの関係を、もっと具体的にいうと、つぎのようになります。赤い光よりも、青い光のほうが波長が小さい。したがって、青い色の中の光子（青い光子）のほうが、赤い光の中の光子（赤い光子）よりも、エネルギーが大きいということになります。しかし、その大きさは、あまり差はありません。では、光子のエネルギーは、どれくらいの大きさでしょうか。波長が赤と青の中間の黄色い光子の例をあげると、そのエネルギーは約2電子ボルトです。

電子ボルトとは、極微の世界で用いるエネルギーの単位です。私たちが、よく用いる熱エネルギーの単位はカロリーです。電子ボルトをカロリーで表わすと、1電子ボルトは、100億分の1の、そのまた、100億分の1の4倍（4×10^{-20}）カロリーです（1カロリーは、1立方センチの水の温度を摂氏1度だけあげるのに要するエネルギー。私たちが日常使う1カロリーは、このようなカロリーの1キロカロリーをいいます）。このように、光子1個のエネルギーは、ひじょうに小さなものです。しかし私たちが感覚で知ることのできる光の中には、この光子がひじょうにたくさんあります。個々の光子のエネルギーが小さくても、その数が多いから、光全体のエネルギーは、感覚に感じるほど大きいのです。それでは、光の中には、光子の数はどれくらいあるのでしょうか？　人間の目が光を感じるためには、毎秒1000個ぐらいの可視光線の光子が、目の中にはいる必要があります。しかし、光が一点から放出されている場合には、数十個の光子が目にはいると、かすかに光る一点を見ることができます。10メートル離れたところから100ワットの電灯の光を見る場合には、毎秒、目にはいる可視光線の光子の数は、約1000億個もあります。光子説によると、光の明るさとは、光の中の光子の数に比例するものなのです。

アインシュタインの光子説によれば、光電効果は、つぎのように説明できます。すなわち、光電効果は、一つの光子と、電子ガス中の一つの電子との、衝突現象なのです。電子に衝突した光子は、そのエネルギーの全部を電子に与えて、光子自体は消滅してしまいます。そして、電子ガス中の電子が、自分の持っていたエネルギーに加えて、光子の持っていたエネルギーの全部を受けついで、金属のなかから飛びだしてくることによって起こるのです。

アインシュタインは、相対性理論のような偉大な発見に対しては、ノーベル賞を授与されなかったのですが、この光子説に対し、１９２１年にノーベル物理学賞を与えられました。

「開け、ゴマ！」の現代版・自動ドア

最近、人が近づくと自動的に開くドア、手を出すと自動的に水の出る蛇口（じゃぐち）などに出会うことがあります。それらの装置には、光電管と呼ばれる真空管が用いられています。光電管は光電効果の原理を応用して、光の強弱を電流の強弱に変換するものなのです。光電管のしくみは、つぎのようになっています。光電管のガラス壁の一部分に、もっとも光電効果の高いセシウムと呼ばれる金属が蒸着（じょうちゃく）（金属を一度蒸気にしてから、ガラス面に凝縮（ぎょうしゅく）させる）されています。それに光が当たると、光電効果で、光電子が飛びだします。その光電子を集めて銅線に流すと、光の強弱に応じた強さの電流が流れて、ドアの開閉を行なうわけです。

また最近では、イメージ増倍管と呼ばれる真空管の開発研究が進んでいます。これは、ひじょうに暗い、せいぜい１００個ぐらいの光子で描かれた映像を、ひじょうに明かるい映像に変換する装置なのです。これを用いると、人間の目でぜんぜん見えな

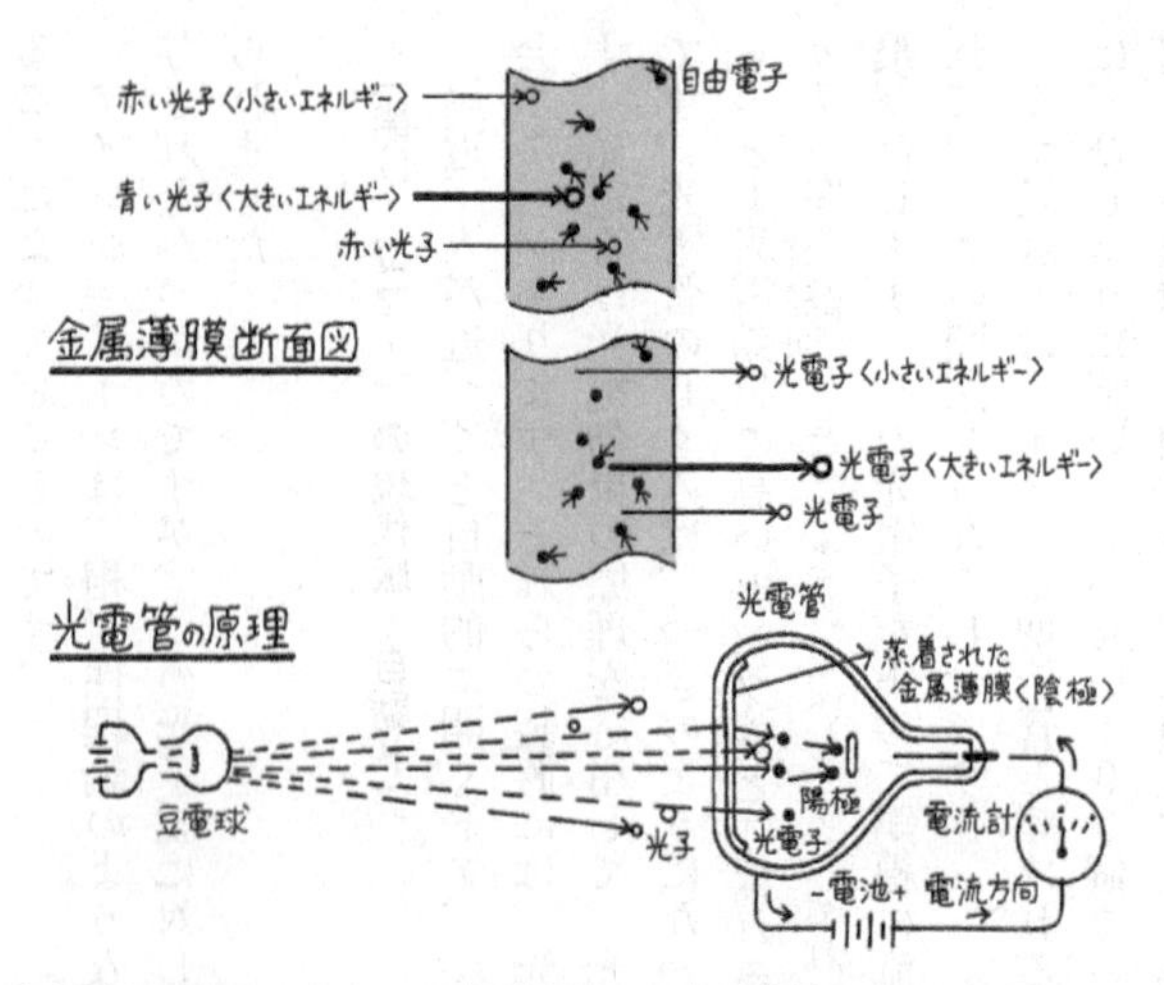

光が粒子であることを示す光電効果——金属薄膜から飛びだしてくる光電子のエネルギーは光の色でことなる。これを利用して、光を電気に変えるのが光電管である

い暗黒の景色を、はっきりと見ることができるようになります。これも、セシウム金属薄膜から、光電効果で、光によって蒸発する光電子を利用するのです。テレビ・カメラにテレビの目と呼ばれるイメージ・オルシコンという装置が用いられています。その原理は、光の映像を、光電効果を利用して電気シグナルに変換する装置です。このように光電効果の原理は、光現象を電気現象にかえる変換装置に利用され、私たちの日常生活に、その応用価値を十分に発揮しています。その変換装置

の中では、光の粒子性が主役を演じているわけです。

光は、ついに「素粒子クラブ」に入会

さてこのように、光は、あるときは粒子の姿、また、あるときは波の姿を私たちに見せますが、それでは、光の本体はなんでしょうか。私たちに姿を見せないときは、光はどんな姿でいるのでしょうか。光の本体は、波でもなく、また、粒子でもない、ただ、ある未知の物であるといえるだけなのでしょうか。私たちの生活に、光ほどなじまれているものはないでしょう。光なしに、私たちは生きられないのです。その光が、これほど、その正体のわからないものなのです。

物理学者は、光が波であると考えて、素粒子のメンバーから除外していました。ところが、光は粒子でもあるから、たいへんなくせものではあるが、とにかく、素粒子の一員としてみとめられました。しかし、物理学者は、まだ光とほかの素粒子を区別して考えていました。光は準素粒子で、他のものは純素粒子であると考えたのです。

ところが、光子が素粒子の一員となってから約20年後に、この物理学者の考え方が、まったくまちがっていることが、わかったのです。すなわち、すべての素粒子は、波と粒子の二重性を持つということがわかったのです。極微の世界は、二重人格者ばかりが住んでいるのです。このことは、先に進むにつれて、あきらかになってくるでし

ょう。

3　どれだけ小さいものまで見えるか

極微の世界をのぞく方法

極微の世界の構成要素と、そのふしぎな性質はわかりました。では、この世界の細かい構造はどうなっているのでしょうか。まず、私たちは、極微の世界の構造を、どのような方法で知ることができるかを考えてみましょう。超巨大な宇宙の姿を見るためには、巨大な望遠鏡が作られています。極微の世界を知るためには、どんな方法があるのでしょうか。

物の構造を知るには、目で見る方法が、もっとも直感的でわかりやすいと考えられます。それでは、どれくらい小さいものまで、目で見ることができるのでしょうか。むかしから、「百聞は一見にしかず」という諺があります。極微の世界でも、この諺が通用するでしょうか。

小さい物を見る話にはいるまえに、その下準備として、倍率と分解能ということばを、まず知っておく必要があります。倍率とは、物体を拡大して見る拡大率をいいます。これに対し、分解能とは、二つの接近した二点を分解してみる能力です。つまり、二つの点を、どのくらいはっきり二点として見ることができるかということです。分解能は、分解して見える二点の間の最小距離で表わされます。分解能が高いということは、分解して見える二点間の距離が小さいことです。要するに、分解能が高いほど、物体の細部がこまかく見えるわけです。人間の目の分解能は、明視距離（目から約25センチ）で、約100分の7ミリです。言いかえれば、人間の目は、100分の7ミリ以下に接近している二点を見たとしても、それらの二点を二点として見ることはできません。その場合には、ぼんやりした一つの点に見えてしまうのです。要するに、人間の目は、100分の7ミリより小さい物体の細部を見ることはできないのです。

つぎに、レンズで物体を10倍に拡大して見ることにします。そうすると、実物で1000分の7ミリ離れた二点は、レンズに結ぶ像では、100分の7ミリ離れて見えます。したがって、目は、レンズを通して、その二点を、二つの点として見ることができるようになります。このように、レンズの分解能はレンズの倍率に比例して高くなるのです。ふつう顕微鏡は、多数のレンズを組み合わせて作った、大きな倍率を持つ拡大鏡といえます。このようなものを光学顕微鏡といいます。光学顕微鏡の倍率を大きくしていけば、その分解能は比例的に高くなると考えられます。

そこで、つぎのような一つの結論が得られるはずです。

「顕微鏡の倍率を十分に大きくすれば、その分解能は十分に高くなり、ついには、分子や原子さえも見えるようになる」

まえの説明のみから考えるかぎり、この結論は正しいといえます。ところが、つぎに説明するような理由で、この結論は、あっさり否定されてしまうのです。それは、分解能は、見ようとする物体を照らす光の波長より高くならない、ということがあるからです。言いかえると、照らす光の波長よりも小さい物体の細部は、いくら拡大してもぼやけてしまって、はっきりと見ることができないのです。その理由は、つぎのように考えられています。

光学顕微鏡で見える限界

光が波の姿で現われたとき、その波は、電磁波と呼ばれる波を形成することが、証明されています。

電磁波とは、真空中（物質の種類によっては、物質中でもよい）を伝播する、電場と磁場の波ということです。そして電磁波は電場の波と磁場の波の二つが合成された波です。ラジオ、テレビ、レーダーなど、通信用に用いる電波も、正確に言えば電磁波です。ただ、これらは習慣的に電波と呼ばれています。

波の一般的性質として、障害物の後方へでも曲がってとどく性質があります。ところが、この曲がる程度は、波の波長が長いほど大きいのです。たとえば、田舎(いなか)の谷間でもラジオが聞こえるのは、ラジオの電波の波長が長く、したがって、よく曲がって進むことができるからです。ところが、谷間でテレビが見えないのは、テレビの電波の波長が短く、よく曲がってすすめないからです（ラジオの電波の波長は約500メートル、テレビの電波の波長は約1メートル）。

可視光線の波長は、電波にくらべると、ひじょうに短く、いちばん長い赤色でも、約1000分の1ミリです。したがって、テレビの電波よりも、はるかに直進性が大きいのです。言いかえると、曲がって進みにくいのです。

しかし、それでも、光も波ですから、その程度は小さいが、電波と同じように曲がって進む性質があるのです。そこでわずかですが、光がかってな方向に曲がりながら進みますから、顕微鏡を作るときに、無収差(むしゅうさ)の理想的レンズ（光が直進すると仮定して、一点から出た光を一点に集めることができるように設計したレンズ）を使用しても、それを使用するときになると、一点から出た光が、完全に一点に像を結びません。そして、点像のかわりに、大きさのあるぼやけた円形像ができてしまいます。その円形像の半径が、光の波長程度になるのです。したがって、光の波長よりも小さい物体の像は、分解して見ることができないことになります。このような現象は、光が波である以上は、どうしてもさけることのできない、本質的なものなのです。ところが私たちが、目に感ずることのできる光線、すなわち可視光線の波長は、分子や原子の大きさよりも、数千倍も大きいものです。それでレンズを多数使い、顕微鏡の倍率をいくら大きくしても、光学顕微鏡で分子や原子の姿を見ることはできないのです。

物理学史上最大の発見の一つ、「ド・ブローイの物質波」

顕微鏡の最高の分解能は、だいたい可視光線中の最短波長にひとしい、約10万分の2センチです。言いかえれば、10万分の2センチが、視覚で見ることのできる極微の限界であるわけです。それでは、それ以上小さい世界を見ることは、絶対に不可能なのでしょうか。じつは、ぜんぜん予期しなかったべつの方面から、この限界よりも小さい世界を見ることができるようになったのです。科学のおもしろい点は、研究のゆきづまりがきても、その状態は一時的なもので、かならず難局面が打開される、ということです。

そのぜんぜん予期しなかったことというのは、フランスの天才的物理学者、ド・ブローイ（1892年生まれ）がおこなった物理学史上最大発見の一つともいえる大発見です。彼は、1923年、従来、粒子の性質のみを持つと信じられていた電子が、波動的性質を持つことを、理論的に予想したのです。このド・ブローイの理論的予想は、彼の天才的イマジネーションによるのです。彼は、光の波と粒子の二重性は、光だけの特性ではなく、すべての素粒子に起こるのではないか、と想像したのです。ある一つの特別な現象は、じつは、一般的な現象の一つの現われである、ということがよくあります。こういうイマジネーションこそ、物理学の進歩にもっとも重要なものです。

彼の理論は、さらに素粒子ばかりでなく、すべての物体に波の性質が見られるというものです。そういう意味で、この波は、物質波と名づけられました。

この理論は、すぐ、実験によって、完全に正しいことが証明されたのです。彼は、1929年に、ノーベル物理学賞を受賞しました。

さて、このド・ブローイの理論によると、すべての素粒子は、波の性質を持っているのですから、1個の電子も波の性質を持っています。そうすると、多数の電子が、同一速度で、同一方向に流れている電子の流れ（電子流）も、波の性質を持っているはずです。光線の中には、多数の光子が、光速度で同一方向に流れています。光子に対して電子が対応し、光線に対して、電子流が対応するというわけです。

極微の世界の壁を破った電子顕微鏡

それでは、電子流が、じっさいに波であることを証明できるでしょうか。それには、まえに述べた、干渉現象が起こるかどうかを、ためせばよいのです。

この電子波に干渉現象を起こさせるためには、光の場合の水面上の油層では、あまりに厚すぎることはわかるでしょう。ところが、自然には、ちょうど適当な代用品が存在しているのです。それは物質の結晶です。金属および、その他の物質の結晶内では、原子が規則正しく、立体的に並んでいます。これは、原子の立体格子配列と呼ばれているものです⑹。その原子と原子の間隔がだいたい1億分の1センチなのです。

そこでこの結晶に、波長が1億分の1センチぐらいのエックス光線を照射してみます。すると予想どおり結晶内の各原子は、小さい鏡のごとく照射エックス光線を反射します。そうすると、近接した反射エックス光線どうしが干渉現象を起こすのです。そして、その干渉エックス光線はある方向では、その振幅を強めあって明かるくなり、他の方向では、振幅を弱めあって暗くなります。こうして結晶から反射して出てくる多数の、これらの干渉エックス光線を写真乾板に投影すると、明暗からなる美しい幾何学的斑点模様が得られます。この模様はラウエの斑点と呼ばれています。

それで、つぎにエックス光線のかわりに、電子流を用いてラウエの斑点が得られたら、電子流は波である、ということを証明したことになるわけです。この実験は、1927年、アメリカのベル電話研究所のダビソンとジャーマーによって行なわれました。その結果は、ド・ブローイの理論と完全に一致するものでした。

ド・ブローイの大発見は、極微の世界の理論的解明に大きな貢献をしたのですが、

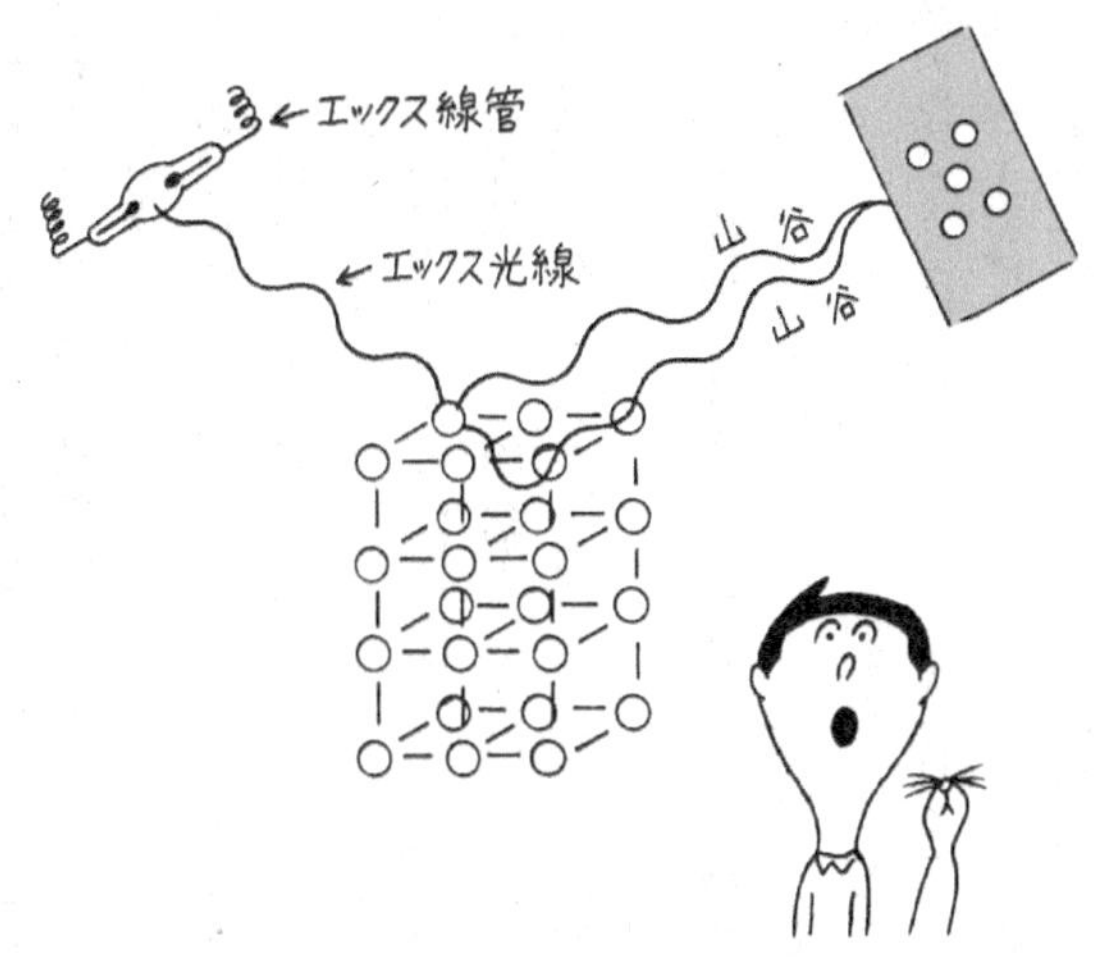

電子流が波であることを証明する実験――物質の結晶中では原子は規則正しく立体的に並んでいる。これにエックス光線を照射すると、干渉現象がおき、写真乾板に美しい模様を描く。電子流でも同じことが起きる

極微の世界を見る方法のためにも、偉大な武器を与えてくれたのでした。この理論から、物理学者の頭には、ただちに、物体を照らすのに、光のかわりに電子の波（電子波）を用いる顕微鏡のアイデアが浮かびました。というのは、彼の理論によれば、電子波（一般的には物質波）の波長は電子（一般的には粒子）のエネルギーが大きいほど短いのです。ですから、電子波の波長は、電子のエネルギーを大きくすれば、いくらでも短くすることができるのです。波長さえ短くすれば、電子波を用いた

顕微鏡の分解能は、いくらでも高くすることができるはずです。このアイデアからただちに今日の電子顕微鏡が発明されました。

電子顕微鏡は、極微の世界の秘密を守っていた壁を破壊してしまったのです。現在、電子顕微鏡は、科学研究の諸分野に応用されて、その偉力を発揮しています。それは二つの部分より構成されています。高エネルギー電子流、すなわち電子波を作る部分と、見ようとする物体に当たって、反射または透過した電子波を集めるレンズの作用をする部分です。あとの部分は、光学顕微鏡のレンズ部分に相当するもので、これには、電界型レンズと磁界型レンズの2種類があります。では、現在のところ、その分解能は、どれくらいまで高くなっているのでしょうか。

電子顕微鏡でも見えない、奇妙な原子の構造

最近の高分解能電子顕微鏡の分解能は、じつに、1000万分の1センチに達しています。この高分解能電子顕微鏡を用いると、高分子（タンパク質分子のように、多数の原子より成る巨大分子）の像を見ることができるのです。しかし、原子の大きさは、約1億分の1センチですから、まだ、原子の姿を見ることはできません。

電子顕微鏡は、前述のように、理論的には、どんな小さなものでも見ることができるのですから、これは、もっぱら技術的な限界であるわけです。ですから、将来、技

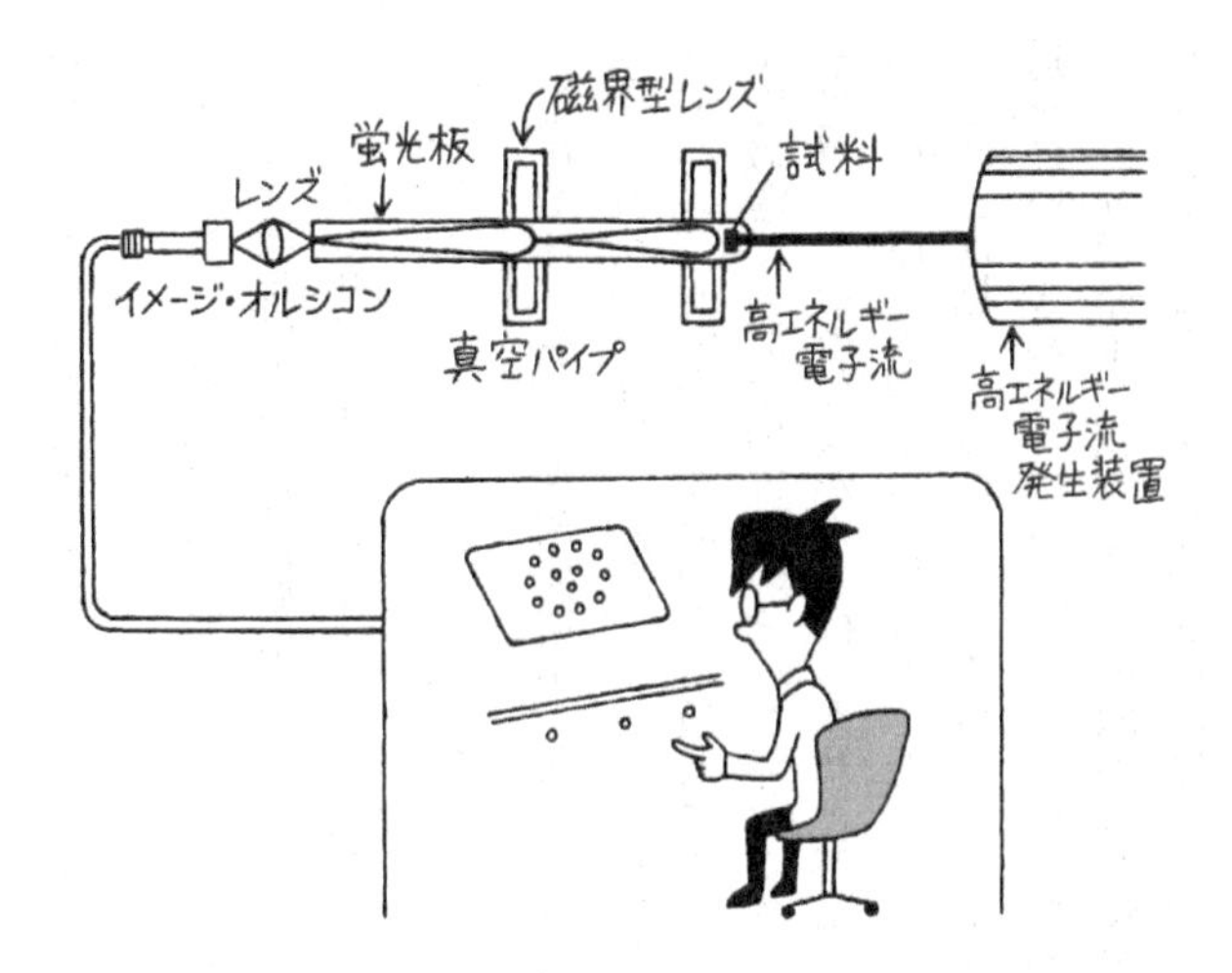

電子顕微鏡の構造――拡大して見ようとするもの（試料）に光線のかわりに高エネルギー電子流を照射し、それを集めて蛍光板で見る

術開発によって、原子の内部まで見ることのできる、超高分解能電子顕微鏡が生まれる可能性はあります。その場合、高エネルギー電子波を作る部分には、技術的困難はぜんぜんありません。困難は、むしろレンズ部分の製作でしょう。

しかし、じつをいうと、物理学者は、原子構造を超高分解能電子顕微鏡で見て知るという方法を、とうのむかしに放棄してしまっているのです。それは、どうしてでしょうか？　物理学者は、原子構造を、たとえ、超高分解能電子顕微鏡を用いても、絶対に見ることができない奇妙な性質のものであることを、知っているからです。

注　高温度の原子から、種々の波長の光が放出されています。どの種類の原子から、どんな波長の光の一群が放出されているか、ということを示したものを、原子スペクトラムと呼びます。この原子スペクトラムの解読の端緒(たんちょ)を開いた人がニールス・ボーアです。

現在では、原子の細部構造が、あとで説明する量子力学と呼ばれる理論で、完全に解明されています。しかし、それは、目で見える細部構造ではありません。原子スペクトラム(7)を完全に説明できる数式によってです。そして、もし将来、超高分解能電子顕微鏡で、原子内部をのぞいて見たとき、私たちの視野のなかに展開されるであろう光景は、その数式から、はっきりと推定できます。

では、原子の内部の光景はどんなものでしょうか。最近、原子の絵が新聞雑誌などでしばしば見うけられます。その絵は、中央に原子核があり、その周囲に、電子が軌道を描いてまわっているものです。そのため、超高分解能電子顕微鏡が完成したならば、それで原子を見ると、その絵のように見えると思っている人が多いのではないでしょうか。ところが、じっさいには、けっして原子は、あの絵のような構造ではないのです。あの絵は原子の太陽系模型といわれるもので、わかりやすいように、かんたんにした、たんなる模型的表現にすぎません。この太陽系模型と、じっさいの原子のおもな相違点は、つぎの二つです。

第一は、原子核の大きさは、原子の直径の10万分の1ぐらいだということです。もし、原子の絵を直径20センチぐらいの大きさに書くと、原子核の大きさは1000分の1ミリぐらいにしかならないのです。原子核は、点で表わすことさえもできないほど小さいものになります。

第二は、核の周囲をまわっている電子（核外電子）は模型図に書かれているような軌道を描いていないし、また、いかなる形の軌道も描いていないのです。

それでは、もし、超高分解能電子顕微鏡で原子の内部を見ることができたとしたら、どのように見えるのでしょうか。話をわかりやすくするために、いちばんかんたんな構造を持つ水素原子を、例にとってみましょう。水素原子には、核外電子が1個しかないからです。

もし、電子顕微鏡で原子の内部が見えたとすれば

つぎの話は、理論的に予想される水素原子の内部光景写真です。その一枚の水素原子の電子顕微鏡写真は、きわめて単純なもので、二つの黒点が写っているだけです。

そのなかの一つの黒点は、核の位置を、他の一つは、核外電子の位置を、示すものなのです。このとき、黒点の大きさは、核および核外電子の大きさとは無関係で、使用した電子波の波長に関係したものです。使用する電子波の波長が短いほど、黒点の大きさは小さくなります。さて、ここで、模型図のように電子が軌道を描いて運動しているとします。そうすると、電子の位置を示す黒点は、つねに、その軌道上のある一点にあるはずです。

しかし、この場合に、注意することが一つあります。投影のため、高エネルギー電子の照射をうけるということは、エネルギーの強い粒子をぶつけられるということです。ですから、高エネルギー電子の照射をうけたとたんに、水素原子の核外電子は、はね飛ばされてしまいます。したがって、撮影ごとに、新しい水素原子を撮影する必要があります。ところが、すべての水素原子の構造はまったく同じです。したがって、撮影ごとにべつの水素原子の写真を撮っても、水素原子内の核外電子の運動状態を知ることができるはずです。そこで、右のような水素原子の写真を何千枚も撮影し、核の位置が一致するごとく重ね合わせて透視します。そうすると、核外電子の位置をしめす多数の黒点は、核外電子が軌道を描いて運動しているとすれば、とうぜん数珠のように並んで、その軌道を示すはずです。

ところが、その実験の結果は、まったく予想外なものです。核外電子の黒点は、ぜ

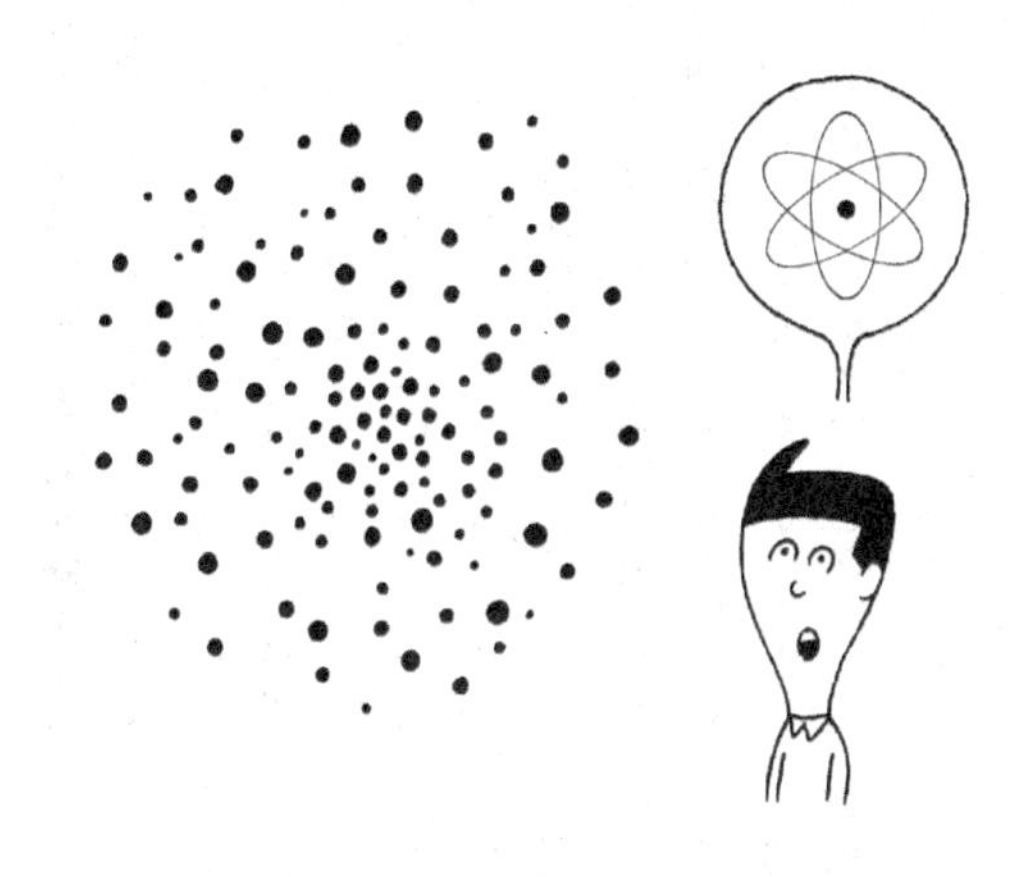

原子核のまわりを飛びまわっている電子（核外電子）は気まぐれ者で、一定の軌道を描かない。もし電子顕微鏡で写真を撮っても、無数の黒点が写る

んぜん、軌道を表わしません。そのかわりに、ちょうど、射撃標的の弾痕（だんこん）のような分布を示すのです。標的の中心の弾痕が核の位置を示す黒点に相当し、その周囲に、中心部分ほど濃く、外周にいくほど薄く散在する弾痕は、核外電子の位置を示す黒点に相当しているのです。これが、超高分解能電子顕微鏡で見られると予想される、水素原子の姿なのです。他の原子の姿も、水素原子とほとんど同様と考えられます。ただ、核外電子の位置を示す黒点の数が多いことだけが、違っています。そ

れは、他の原子が、水素原子よりも、核外電子の数が多いからです。

核外電子は幽霊のような運動をする

種々な方法で測定したところによると、水素原子の核外電子(かくがいでんし)は、13・5電子ボルトのエネルギーを持って、核の周囲に存在していることが確認されています。また、そのエネルギーから計算すると、核外電子は、光速度の約0・7パーセントの速さで、核の周囲を飛びまわっているはずです。ところで、ニュートン力学によれば、物体の運動は一定の法則にしたがって行なわれます。これは、言いかえれば、一定の軌道を描くということです。このことは、私たちの常識になっています。ところが、前述のように、核外電子は運動しているのに一定の軌道がないのです。言いかえれば、核外電子は、私たちの常識では考えられない幽霊のような運動をしているわけです。

推理小説に、不可能興味といわれている一種の興味があります。どう考えてみても、不可能としか考えられないことが、じっさいに起こった場合に、だれでも、それがどうして起こったかということに、強い興味を感じるものです。これは、推理小説が持つ魅力の一つになっています。これと同じように、物理学者にとっては、核外電子が軌道を描かずに飛びまわっていることは、たしかに一つの不可能興味です。では、なぜ、核外電子は、この幽霊のような現象を示すのでしょうか。じつは現代物理学は、この謎もあきらかにしているのです。そしてそれは、自然の本質に深いつながりを持ったものであることがわかっているのです。

【監修者注】

(1) 最近は「正電荷」という名称の方が一般的です。同様に「陰電気」は「負電荷」と呼ばれています。

(2)「ウラン」ともいいます。プルトニウム等、ウランよりも重い元素もわずかに自然界で発見されています。

(3) 人工的に生成したものもあわせると、118種類の元素が確認されています。ウランより重いものの中にも、半減期が比較的長く安定な元素もあります。

(4) その後、陽子や中性子がそれぞれ三つの「クォーク」から構成されていることがわかりました。これにより、クォークが素粒子の仲間となり、陽子と中性子は素粒子とは呼ばれなくなりました。それ以上分解できない物質の最小単位を素粒子と呼びますが、本書では、広い意味で微小な粒子を素粒子と表記する場合がありますのでご注意ください。

(5) 水素原子の大きさはおよそ1000万分の1ミリメートル、陽子や中性子の大きさは1兆分の1ミリメートルです。クォークは少なくとも陽子の100分の1以下の大きささと考えられています。

（6）原子の立体配列とも呼ばれます。

（7）現代では「原子スペクトル」と呼ばれています。

第三章　現代物理学は、自然の本質を解明した

1　断念は、あきらめではない――「断念の哲理」

知り得るか、知り得ないか、それが問題である

極微の世界で起こる現象は、すでに述べたように、私たちの感覚世界の常識では考えられないものでした。では、なぜ、そのような現象が起こるのでしょうか。これは、じつは、自然の本質に原因があるのです。では、その自然の本質とは、どんなものでしょうか。それを説明したのが1927年、ドイツのハイゼンベルク（1901年生まれ）によって提唱された不確定性理論(1)と呼ばれるものです。彼は、この理論の功績によって、1932年にノーベル物理学賞をもらっています。

この理論によれば、素粒子が波と粒子という二重性格者である理由や、核外電子が幽霊のような存在である理由を、自然の本質の、たんなる一つの現われとして、説明できるのです。

この不確定性理論の意味をはっきりさせるために、まず確定性とはどういうことかを、すこし説明しましょう。確定性とは、ひとくちに言えば、物体の運動について、現在の知識で未来を決定（予知）できるということです。ニュートンの運動の法則によれば、物体の運動は、一定の法則にしたがって行なわれます。ですから、運動して

いる物体を観測して、その物体の現在の位置と速度を、同時に正確に測定することができると、その物体の、それから先の軌道、および軌道上の任意の点における速度を計算で出すことができます。

この方法を用いると、たとえば、つぎのようなことがわかります。地球と月の現在の位置と速度を正確に測定すると、１００年先の何月何日何時何分何秒に、地球上のどこで日食が見られる、ということを予知できます。また、遠距離地点を砲撃する場合に、そのときの、大砲の方向、砲弾の初速度（発射の時の速度）、大気の温度、風速を知れば、砲弾は、発射後何秒でどこに落着（らくちゃく）するか、ということを予知できます。

ところで、現在の天気予報で、台風の未来の進路が正確に予知できません。こういう場合でも台風の進路に確定性がない（不確定である）とはいえないのです。なぜなら、予知できないわけは、その進路を決定するのに必要な種々の測定値が、十分に得られていないからです。もし、現在、必要な測定値が十分に得られれば、南方洋上で発生した台風が、10日後の何時何分何秒に、どこを通過するということが予知できるはずです。このように、たんなる技術的な理由で予知できない場合は、確定性がないとは言わないのです。

また、銅貨をほうりあげて、落ちたときに、表が出るか、裏が出るか、また、サイコロを投げて、どの目が出るかなどは、一見して予知できないようにみえます。しかし、これらの場合でも運動の状態（働きかける力の強さ、方向、落下地点までの距離など）を正確に知ると、その結果を予知することができます。ですから、やはり確定性です。私たちは、このような確定性を、ニュートンの力学の証明をまつまでもなく、経験から信じています。いわば、私たちの常識であるわけです。これはまた、不確定性理論の出るまえまでは、物理学者の常識でもあったのです。というのは、不確定性理論は、この常識をくつがえしたものだからです。

見るだけで物体の運動に変化が起こる

では、不確定性理論は、どのようにして、この常識をくつがえしたのでしょうか。物体の運動の未来を正確に予知することができるためには、物体の現在の位置と速度が、同時に、正確に測定できることが前提条件となっています。そうすれば、ニュートン力学によって、計算できるわけです。

ところが、これから説明しようとする不確定性理論は、物体の位置と速度を、同時に、正確に測定できるというのはまちがいである、ほんとうは、位置と速度を、同時に正確には測定できないのだ、ということを示すものです。したがって、物体の運動の未来は、予知できないこと、すなわち不確定だということになります。前述の確定性を否定するわけです。こう言われると、読者のみなさんは「おかしな理論だな。それでは現実に、日食の起こる日時と場所を予知したり、着弾地点を算出したりすることができる事実と矛盾するじゃないか」と考えるでしょう。しかし、これは矛盾していないのです。

そのわけは、地球、月、砲弾、さらに、それより小さくとも感覚で知ることのできるくらいの大きさの物体に関しては、その不確定性の影響が、ほとんど目だつほどに現われないのです。ところが、超感覚的に小さい素粒子、そのなかでも、とくに小さい電子などについては、それがいちじるしく現われてくるのです。このことは、不確定性の起こる原因を知れば、かんたんに理解できることですので、つぎに、その原因について述べておきましょう。

私たちが物体を観察するということは、物体になんらかの力がおよぼされている状態を知るということです。たとえば、飛んでいる野球のボールを目で見るということは、そのボールに光子が当たって反射している状態を見ているわけです。どのような方法によっても、なんの力もおよぼされていない物体を見ることは、不可能です。ところで、物体の運動に力がおよぼされるということは、その物体の運動が攪乱（かくらん）されるということです。これが不確定性の原因なのです。すなわち、観察によって、このような攪乱が起こるために、運動する物体の位置と速度を、同時に正確に知ることができないのです。

大きな物体の運動の場合は、ほとんど、その攪乱は問題になりません。いま、野球のボールの例をあげましたが、この場合は、目に感じるくらいの量の光子が当たっても、ボールの速度はほとんど変化しません。不確定性の影響がほとんどあらわれないわけです。しかし、極微の世界では、たとえば、ゆるやかに飛んでいる電子に、光子が一個でも衝突したら、電子の速度は、ひどく攪乱されます。ですから、観察した瞬間（光子が衝突した瞬間）以後の位置は、予知できなくなるのです。不確定性の影響が大きくあらわれるわけです。

ところで、このように、どんな方法（技術）を用いても不可能である場合、原理的に不可能であると言います。理論的に不可能といってもよいでしょう。たとえば、地球が球体であるかぎり、地球表面の果てを見いだすことは理論的に不可能です。球面には、果てがないということは、幾何学の定理です。このような場合、地球表面の果てを見いだすことは、原理的に不可能であると言います。素粒子の世界についていえば、素粒子の位置と速度を同時に、正確に測定することは、原理的に不可能であるわけです。

「断念」は、「創造」の母体

私たちは、正確な位置と速度を考えることに慣れています。また、ニュートン以来の物理学も、正確な位置と速度が同時に決定できることを前提としてきたのです。ところで、物理学は、どこまでも実験事実に基礎をおくものです。ですから、自然が不確定ということになると、原理的に、同時に正確に測定できないことがわかっている位置と速度を考えることは、物理学的に、なんの利益にもならないわけです。

このような場合、どうしたらよいのでしょうか。物理学者は、このような場合、従来の物の見方に執着することを断念するのです。こういう考え方を「断念の哲理」と呼びます。ことわっておきますが、この「断念の哲理」は、たんなるあきらめではありません。それは、新しい概念を創造するための、無用の古い概念に対する執着の断念です。これは物理学におけるもっとも新しい思想です。それでは、前述のように、観察による攪乱のために、原理的に、位置と速度が、同時に正確に測定できない場合、「断念の哲理」をどのように用いればよいでしょうか。これについての、ハイゼンベルクの解答を、つぎに説明しましょう。

2　新しい位置と速度の考え方——「不確定性理論」

私たちが、これ以上正確に知ることができない、という限界

位置と速度が、観測のために、まったく予想できない変化を受けるということは、位置と速度自体に、私たちが原理的にこれ以上正確に知ることのできないという、ある限界が存在する、と考えられないでしょうか。ハイゼンベルクは、このような考え方から、正確な位置と速度の概念を捨てて、つねにある程度、正確さに限界のある位置と速度を考えました。そのような観点に立って、位置につきまとう不正確の程度、速度につきまとう不正確の程度の間に、たがいに逆比例的な関係があることを見いだしたのです。

この関係を、式で表現したものを不確定性理論といいます。彼は1927年に、これを発表しました。その式は、つぎのようなものです。

（位置の不確定範囲）×（速度の不確定範囲）≧一定値

ここで、≧の記号は、両者がひとしいか、または左側の値が右側の値より大きいと

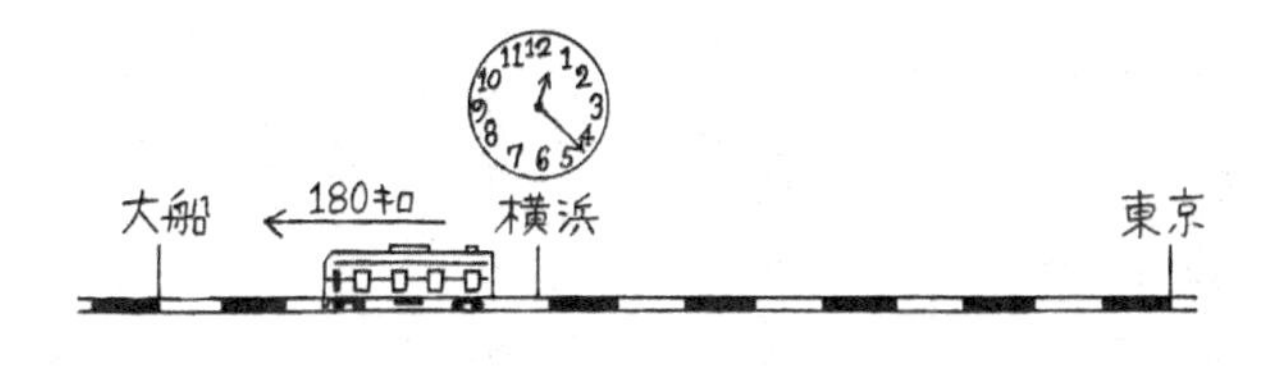

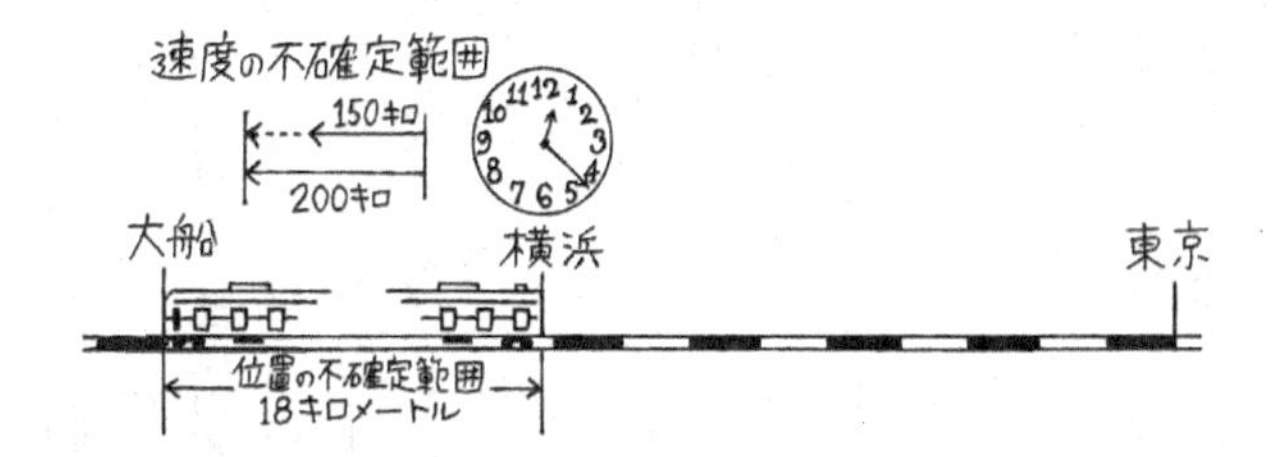

不確定性理論による位置と速度の考え方――私たちの感覚世界では、上の列車のように、どこを（位置）時速何キロ（速度）で走っているかわかる。しかし、極微の世界では、下の列車のように、ある範囲の間を、ある範囲の速度で走っていることしかわからない

いう意味です。この式を説明するまえに、この不確定ということばの意味を、もう少し説明しておきましょう。たとえば、東京駅を発車した特急が、12時20分に、横浜と大船（おおふな）の中間地域を走っていることが、ある方法でわかったとします。しかし、その中間地域のどこを走っているかということは、どんな方法を用いても、原理的に知ることができなかったとしましょう。この場合に、位置の不確定範囲は横浜と大船間の距離のことです。

つぎに、同時刻に、特急の横浜と大船間の速度が、時速150キロより早く、200キロよりおそいことがわかっているが、それ以上に正確な速度が、原理的にわからないとしましょう。その場合に、速度の不確定範囲は50キロ（200キロマイナス150キロ）です。前述の式は、この二つの不確定の範囲の積（せき）がある一定値より小さくはならないということを示しているのです。

ですから、この列車の例でいえば、もし、この列車の位置が、戸塚（とつか）（横浜と大船間にある駅）と大船の間だということがわかったとすれば、位置の不確定範囲は、それだけ減ったことになります。したがって、その減った割合だけ、速度の不確定範囲がふえるということになります。不確定性理論は、位置と速度の観測値に、以上のような関係があることを意味するものです（じっさいに走っている列車の位置と速度を観察した場合、もちろん不確定の範囲が、このように大きいということはありえません。ここでは話をわかりやすくするために大きくしたので、感覚世界の不確定範囲は、ぜんぜん問題にならないほど小さいのです）。

なぜ素粒子は、波の姿で現われるのか

さて、まえに、素粒子のもつ、波と粒子の二重性が矛盾しないものであることを、不確定性理論で説明できることを述べました。それでは、つぎに、電子を例にあげて、このことを説明しましょう。波と粒子の姿が、相容れるものであれば、波と粒子の二重性の矛盾は、解決されたことになるわけです。

いま、一つの電子がほとんど静止しているとします。さて、顕微鏡の分解能で説明したように照明光線の波長が短いほど、物体の位置が正確にわかります。電子顕微鏡のところでは、原子を見るために、電子で照明すると述べましたが、電子と同じくらい波長を小さくすることができれば、光（光子）でもよいわけです。ですから、この電子の軌道を観測するために、電子の大きさと同じくらいに短い波長の光で、断続的に、一定の時間間隔で電子を照明し、超高分解能顕微鏡で、その像を撮影するとしましょう。前述のように、こんな顕微鏡は現在できていませんが、原理的に作ることは可能です。

さて、第1回の照明で、光子は、電子の位置で反射してもどってきて、電子の位置が、電子の大きさぐらいの正確さでわかります。つまり観測した位置の不確定範囲が、電子の大きさぐらいです。ところで、光子をぶつけられた電子の速度の不確定範囲は、すでに位置の不確定範囲がわかっていますから、不確定性理論の式により計算することができます。

説明の便宜上、かりに、速度の不確定範囲が、秒速ゼロメートル（静止の状態）から、秒速100メートルの範囲内、すなわち、100メートルとします。そうすると、照明から1秒後に、電子はどこに存在するのでしょうか。

私たちが知ることのできるのは、第1回の照明をしたときの電子の位置を中心として、電子は100メートルの半径の円内に存在することだけです。なぜならば、電子の速度はゼロメートルであるかもしれないし、100メートルであるかもしれないからです。また、その中間の任意の速度であるかもしれません。また物理学でいう速度には、すでに述べたように、方向もふくまれていますから、どの方向に進んでいるのかもわからないのです。したがって、私たちは、照明から、たとえば、1秒後に、電子が、その円内のどこにいるかということは、原理的に予知できないのです。速度の不確定が、1秒後の電子の位置を不確定にしたのです。それでは、第2回目の照明を第1回の照明より1秒後に行なって、電子を見たら、どんなに見えるでしょうか？

電子は、雲のかたまりを作る

第2回の照明で、電子は最初の位置を中心にした100メートルの円内のある一点で見いだされることになります。そうすると、このことは、円内で電子の位置が不確定であるということと矛盾するようにみえます。しかし、これは矛盾ではありません。円内で電子の位置が不確定であるということは、第2回目の照明で、電子が円内のどこに見いだされるか、ということを、原理的に予知する方法がないということです。

ただ、予知できることは、円内のどこにでも見いだされる可能性があるということだけです。したがって、もし、第2回の照明実験を、同一条件（第1回の照明後と同じ状態）で何回でもくりかえすことができたら、各実験ごとに、電子は円内の違った場所に見いだされるのです。

そして、無限回実験して撮影した写真を重ね合わせると、電子のしめす点は、円内に一様に連続的に分布して、円になってしまいます。それで、第2回目の照明をする直前の電子の存在範囲は、その円であると考えなければなりません。それ以上の細かいことは、原理的に知ることができないからです。

こうして、第3回、第4回……と、この方法で電子の位置を断続的に観測すると、けっきょく電子は空間のある大きな範囲内に存在する、ということしかわからないのです。この空間の大きな範囲を図示すると、それは雲のかたまりのようなものでしょう。いままでは、観察前にはほとんど静止している電子を考えましたが、もし電子が、最初から高速度で運動しているとすれば、この雲のかたまりも高速度で移動します。

以上は、波長の短い光子で照明した場合ですが、波長の長い光子で照明すれば、どうなるでしょうか。

その場合は、すでに分解能のところで述べたように、波長を長くすればするほど電子の位置が、ますます、ぼやけて見えるだけです。ですから、電子の軌道を見るためには、意味がないわけです。要するに、不確定性理論によれば、電子の運動は、シャープな軌道を描いて飛ぶ弾丸のようなものではありません。それは、空に浮かぶ雲のかたまりが、高速度で飛んでいるようなものです。

さて、このように不確定性理論は、常識的な粒子の概念を、すっかりかえてしまったのです。常識的には、粒子の運動は小さいボールの運動にたとえられます。ところが、不確定性理論から考えられる粒子の運動は、このような奇妙な雲の運動にたとえられるのです。この不確定性理論にもとづく粒子の姿は、弾丸やボールよりも、シャープな軌道を描かずに空間に広がって進むという点では、むしろ、波の姿に近いことがわかるでしょう。

このようにして、不確定性理論によって、素粒子の持つ波と粒子という二つの相反する姿が、矛盾しないことが説明できるわけです。

一つの電子は、2カ所以上の場所に同時に存在する

つぎに、超高分解能顕微鏡で見た場合、核外電子の軌道が見えないという幽霊現象について、不確定性理論を用いて説明しましょう。超高分解能顕微鏡で見るということが、電子なり、光子をぶつけて、見る対象の運動を攪乱するということなら、見たために核外電子の軌道がわからなくなっているのではないか。超高分解能顕微鏡で見

ていないときは、核外電子が、核の周囲を軌道を描いてまわっているのではないかと考えられます。しかし、その考え方はまちがっています。

それは、つぎのような理由からわかります。核外電子は、核の持つ陽電気でつねに引っぱられながら運動しています。核外電子の速度が早くなると、核の引力に打ち勝って、核から遠くへ飛び離れてしまいます。このときの速度を脱出速度と呼びます。核外電子であるということは、それが核から遠ざかる速度が脱出速度よりも小さく、ゼロよりも大きいことを意味します。ところで、この速度について、これ以上に正確なことは、わかりません。したがって、ゼロから脱出速度までの範囲が、核外電子の速度の不確定範囲です。

そうすると、位置の不確定範囲が、不確定性理論から求められます。それを計算すると、原子の大きさになるのです。このことは核外電子の存在範囲が、原子の内部全体にわたっていることを示します。この場合、この原子の大きさは、前述の雲のかたまりの示す大きさにあたるわけです。

では、一つの電子が雲のかたまりの中でどのような状態で存在しているのでしょうか。まず、一つの電子が、雲のかたまりの中で、ほんとうは軌道を描いて飛びまわっているが、私たちにはそれを攪乱しないで知る方法がないだけであると考えてみましょう。すると、つぎに説明するように、干渉の実験で重大な矛盾に直面します。

前述の結晶に電子波を当てる干渉実験を思いだしてください（72ページ参照）。いま、電子の雲のかたまりが結晶の表面に当たったとします。干渉現象は1個の電子、1個の光子でも起こることがわかっています。それで、雲のかたまりの中を飛びまわっている1個の電子が、干渉現象を起こさなければなりません。

電子波の干渉現象が起こるためには、結晶の表面で一つの光線が、少なくとも結晶内の二つの原子で反射し、二つの反射光線になり、その反射光線が、ふたたびいっしょになる必要があります。電子波のかわりに、雲のかたまりで考えると、雲のかたまりが二つに分かれ、ふたたびいっしょになる、ということが起こらなければなりません。それでは、そのとき、雲のかたまりの中の電子はどうなるでしょうか？　1個の電子が二つに分割されることは、ぜったいに起こりません。しかし、1個の電子が干渉現象を起こすということは、雲のかたまりが二つに分かれることを示しているわけです。そうすると、そのとき、1個の電子は、二つの雲のかたまりの中に同時に存在しなければならないことになります。

この現象は、比喩的な例で表わすとつぎのようなものです。いま、一人の人間が京都から東京に来るとします。彼は、その道順として、名古屋から、東海道線か、または中央線のどちらか一つの線を通って東京に来ることができます。しかし、彼は、東海道線と中央線の両方を同時に通って、東京に来ることはできません。ところが、も

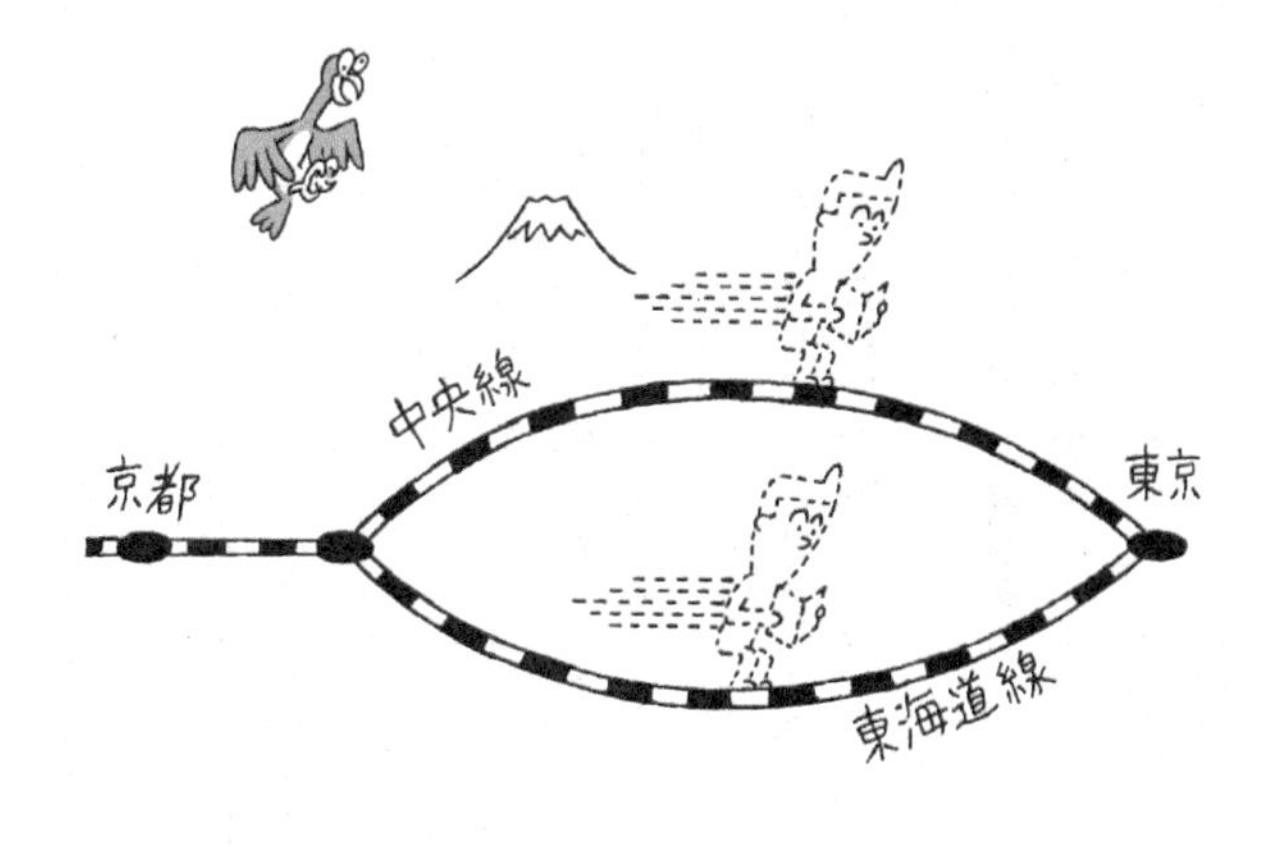

人間が電子だったら、同時に東海道線と中央線に乗って東京に来ることができる

し彼が電子であれば、東海道線と中央線の両方を、同時に、一人で通過して東京に来ることができるのです（ほかの素粒子でも同様なことが起こる）。それでは、どうして、そういうことができるのでしょうか？

いま、電子の雲のかたまりが、日本の中部から関東一帯に広がっているとします。そして、その雲のかたまりの中で、電子がいたるところで同時に存在しているとします。そうすると、電子は中央線の列車内でも、東海道線の列車内でも同時に存在できます。しかし、もし、1個の電子が2カ所に同時に存在すれば、それは2個の電子が存在することにひとしいと、強く反対する人がいると思います。

ところが、存在という意味を、少し修正すれば、この矛盾からのがれることができます。物理学では、雲のかたまりの中の電子の存在について、つぎのように表現しています（ほかの素粒子でも同じです）。

「雲のかたまりの中では、一つの電子が、一つの粒子として、同時に、いたるところで、部分的に存在している。または、同時に、ある確率で存在している」

一つの粒子が部分的に存在するとか、または、ある確率で2ヵ所以上の場所に同時に存在するということは、まったく常識的に、その意味が考えられません。要するに、この表現は、雲のかたまりの中では、ふつうの意味の粒子の存在の概念は、通用しないことを示しているのです。核外電子の運動が、軌道を描かない幽霊のような運動であることも、これで理解できるでしょう。

野球のボールにも、波長がある

さて、不確定性理論を、もう一歩突っこんで考えておきましょう。これまでは、話をわかりやすくするために、位置と速度が、同時に、どこまでも正確に測定できないといいましたが、それの正しい表現は、位置と運動量です。運動量とは、粒子の質量と速度の積（かけ合わしたもの）をいいます。粒子の運動量が大きいほど、そのエネルギーも大きくなります。

素粒子の運動に、不確定性理論が重大な影響をおよぼす場合は、その素粒子の運動量の小さい場合です。その理由は、運動量が大きい場合は、運動量の不確定があっても、その素粒子の運動量に対する不確定の割合が小さいから、不確定の影響は、ほとんど問題にならないのです。これを、つぎのように考えることもできます。素粒子の位置を測定するときは、運動量の大きいものほど、攪乱され方が小さいということです。

また、運動量が大きいと、その素粒子の波長が短くなり、波としての性質が検出されにくくなってきます。要するに、運動量の大きい素粒子は、不確定の影響が小さくなり、また、波動性が弱く、したがって粒子性が強いのです。常識的に考えられる粒子の性質がはっきりしてくるわけです。わかりやすく言えば、飛んでいる野球のボールが、観察のために光で照らされても攪乱されず、また、波動性が見られない理由は、その運動量がひじょうに大きく、そのため波長がひじょうに短いからなのです。飛んでいる野球のボールの波長は、原子核の直径の約10億分の1の、そのまた1億分の1です。

以上の説明から、感覚世界の常識を、極微の世界に持ちこんだために起こったまちがいの原因を、はっきりと知ることができます。素粒子は、小さいのみならず、その質量はひじょうに軽いものです。このような軽い粒子は、原子内では、きわめて小さい運動量しか持っていません。この、きわめて小さい運動量の素粒子に、弾丸や野球のボールのような、感覚に感じるほど、大きな運動量を持った物体の運動法則を当てはめようとすることが、そもそも、まちがいの原因であったのです。

3　自然の安定を保つもの――「プランク恒数」

量子力学のわからない学生は、「h」に弱い学生

さて、不確定性理論自体については、すでにくわしく説明してきました。しかし、まだ不確定性理論のほんとうのおもしろさには、ふれていません。なぜなら、不確定性理論が、自然の本質にかかわる問題を持っていることについては、まだ述べていないからです。不確定性理論の存在は、造化(ぞうか)の神の業(わざ)の巧妙さの一つのあらわれなのです。それについて述べるのが、いままで、不確定性理論についてくわしい説明をしてきたことの真の目的なのです。まえにあげた不確定性理論の式は、説明の都合上かんたんにして書いたものです。正式に書くと、つぎのようになります。

（位置の不確定範囲）×（運動量の不確定範囲）≧プランク恒数（こうすう）

この式に書いてあるプランク恒数(2)とは、作用量子、または、たんに量子と呼ばれ、ふつうに、「h」というローマ字で表わされます。

極微の世界では、ニュートンの力学が成立しません。そのかわりに、ニュートンの力学を、不確定性理論の条件を満足させるように修正した、量子力学と呼ばれる力学が用いられています。その量子力学には、このプランク恒数がひんぱんに使われます。それで、量子力学のわからない学生は、「h」に弱い学生といわれています。

では、プランク恒数は、どんな働きをしているのでしょうか。もし、プランク恒数の値がゼロになると、不確定性理論のあとの式に当てはめればわかるように、位置と運動量の不確定範囲もゼロになります。このことは、位置と運動量を、同時に、どこまでも精密に、測定できることを意味します。そうすれば、粒子と波の二重性もなくなり、粒子は粒子、波は波としてのみ存在するようになります。そして、量子力学は、ニュートン力学に還元されて「h」に弱い学生によろこばれることになるでしょう。そして、いままでながながと説明してきたことは、夢のように消え去ってしまい、極微の世界は、私たちが日常生活で経験する感覚世界のたんなる縮小図になってしまうでしょう。

このように、プランク恒数こそ、奇怪な不確定現象を起こす張本人なのです。このプランク恒数の物理的意味はつぎのように考えることができます。自然は、粒子の位置を表わす長さ（ある定点から粒子までの距離）という量と、同じ粒子の運動状態を表わす運動量という量に、一つの制限を与えたものです。その制限のしかたは、私たちが、その類例をどこにも見なかった、完全に独創的なものです。すなわち、自然は二つの量のそれぞれには、なんの制限もせずに、二つの量の積がある値以下になることだけを、禁止したのです。そして、そのある値がプランク恒数と呼ばれるものなのです。

発表当時、だれにも理解されなかったプランクの大発見

この、自然の独創的テクニックを見破った人が、この恒数の名のもとになった有名なドイツ人のプランク（１８５８〜１９４７）でした。

その発見は、いまから約60年あまり前の１９００年のことです。その当時、物理学の興味の焦点は、黒体輻射の問題でした。この黒体輻射の問題とは、わかりやすくいうと、物体を熱したとき、それから放出される光の波長についての問題です。

日常生活で、私たちだれもが経験しているように物体を熱するとはじめに赤い光が

見えます。物体の温度があがるにつれて、物体から出る光は、赤、黄をへて、青、紫にかわっていきます。この現象を、物理学的にみると、高温物体から出る光の波長が、温度があがるにしたがって短くなっていく現象といえます。くわしい説明ははぶきますが、物理学者は、この光の波長と温度の関係についての実験の結果を、うまく理論的に説明できませんでした。

ところがプランクは、その当時の理論に、ある一つの仮定を挿入（そうにゅう）すると、実験結果とまったくよく一致する式が、理論的に誘導できることを発見したのです。その仮定とは、理論の中にある定数（これが、のちにプランク恒数と呼ばれるものです）を導入することでした。彼は、その発見を、１９００年10月19日、ベルリンで開かれたドイツ物理学会で発表しました。

ちょうどそのころ、黒体輻射の実験をしていたルーベンス（１８６５〜１９２２）は、ひじょうに注意深く、実験値とプランクの式を比較してみました。そして、その両者が、あまりにも完全に一致するのに驚かされたのでした。ルーベンスは興奮して、翌朝、プランクを訪問しました。彼はプランクに、あなたの式が実験値とよく一致することは、たんなる偶然の一致とは考えられない。あなたの式には、なにか基礎的な真理がふくまれていると考えられると、話しました。ルーベンスの強い確信に元気づけられて、プランクは、その後、約2カ月間、この定数の物理的意味づけに、彼の生涯の最大の努力を集中しました。

そして、その年の12月14日に、彼は、それに関する論文を物理学会に提出したのです。その論文が、プランク恒数の存在をはじめてあきらかにした歴史的なものなのです。この歴史的大発見の発表に、当時の物理学者は、大きなショックと興奮を受けたと、だれでも想像するでしょう。ところが、事実は反対でした。プランクの大発見は、発表以後4年間、ほとんどだれからも見向かれずにほうっておかれていました。そのわけは、彼の発見が、当時の物理学の常識からみて、あまりに奇想天外だったからです。

4年後の1905年に、アインシュタインが、プランク恒数を用いて、すでに述べた光子説を発表したのでした。彼の光子説は、一つの光子の持つエネルギーが、プランク恒数と光の振動数の積である、というものです。これによって、プランク恒数の価値が、はじめて学界でみとめられたのです。

従来、物理学上の理論的大発見は、20歳代に行なわれるという定説がありました。しかし、プランクは、この定説をくつがえした人です。彼は当時、ベルリン大学の教授で42歳でした。そして、学位をとってから、すでに21年も経過していたのです。

アインシュタインが光子説を発表してから、さらに約20年たって、1923年に、ド・ブローイが、プランク恒数を用いて物質波の理論を発表しました。彼の理論によれば、物質波の波長は、プランク恒数を運動量で割った値にひとしいのです。そして、1927年に、ハイゼンベルクが、やはり、このプランク恒数を用いて、不確定性理論を発表したのです。

ここで、ちょっとおもしろいことを述べておきましょう。それは、自分の光子説にプランク恒数を用いたアインシュタインが、同じプランク恒数を用いた不確定性理論の考え方に、もっとも強く反対したということです。アインシュタインは、知識よりも、イマジネーションのほうが価値があるといい、私たちの常識のみならず、公理さえもかえうるものであることを、実際に示した人です。その同じ人が、不確定の概念に強く反対し、いつの日か、このまちがいが修正される日がくることを、死の瞬間まで信じていたのです。

星も、地球も、人間も、プランク恒数のおかげで存在する

それでは、このプランク恒数の存在は、どんな意味をもっているのでしょうか。今日、このプランク恒数は、これを離れては、量子力学、原子物理学、素粒子論、物性論、物理化学さえ、存在できないほどの重要な存在です。しかし、物理学者は、この重要なプランク恒数が存在する必然性を証明することができません。言いかえると、プランク恒数が、なぜ存在しなければならないか、ということを証明できないのです。

ただ言えることは、もし、プランク恒数が存在しないと、この宇宙は、現在の宇宙とはまったく違ったものになっているだろう、ということです。それは、星も太陽も地球も人間も、存在しないということです。このことを説明するためには、もし、プランク恒数が存在しなければ、原子が存在しないということを証明するだけで十分でしょう。

原子内では、核外電子が飛びまわっています。なぜなら、一直線に飛べば、電子は、原子の外に飛び出してしまうからです。そのため、核外電子は、原子の範囲内で、たえず方向をかえながら運動しています。ところで、物理学では、速さを変化して運動する場合だけでなく、速さは同じで、方向のみをかえて運動する場合にも、加速度運動といいます。ですから、核外電子は、加速度運動をしているわけです。

ところが、1861年に発見された、イギリスの有名なマクスエル（1821〜79）の電磁場方程式によると、加速度運動をする電子は電磁波を放出するのです。たとえば電子をアンテナ中で往復運動をさせると、アンテナから電磁波、つまり私たちが電波というものが発射されます。これが電波発生方法の原理です。そして、現在までに知られている、すべての電磁気現象で、この理論の正しいことが実証されています。そして、マクスエルの電磁場方程式は、現代物理学の最重要方程式の一つになっています。

プランク恒数がゼロだったら――原子核のまわりを飛んでいる電子は、1億分の1秒以内に核に落ちこんでしまうことになる。したがって原子は存在できない。地球も、太陽も、人間も存在できない

マクスエルの電磁場方程式にしたがえば、核外電子は、連続的に電磁波を放出していることになります。電磁波はエネルギーですから、核外電子はエネルギーを失うわけです。エネルギーを失った電子は、その運動速度がおそくなります。もし、ある程度以上におそくなれば、原子核の持っている電気的引力に負けて、原子核内に落ちこんでしまうはずです。

マクスエルの電磁場方程式を使って、理論的計算をすると、核外電子は、電磁波を放出して、1億分の1秒以内に、

核に落ちこんでしまうことになります。そのことは、原子でなくなることです。すなわち、原子の寿命（存在する時間）は、1億分の1秒以下ということです。じっさい原子の寿命が、このような短命な火の玉のようなものだとしたら、現在のような原子も分子も存在できません。したがって、星も、太陽も、地球も、また、もちろん人間も、作られないことはあきらかです。では、なぜ核外電子は、核内に落ちこまないのでしょうか。その謎を解くのがプランク恒数なのです。プランク恒数が存在するので、宇宙には不確定性理論であらわされるような性質があり、電子が核に落ちこむことができないのです。その理由をつぎに説明しましょう。

湯川博士だけが、ゲラゲラ笑いだした「一夫多妻制」

いま、かりに、核内に電子が落ちこんだと考えてみましょう。核内に存在する電子は、ある値以上に大きな運動量を持っていると、核の電気的引力に打ち勝って、核外へ飛びだしてしまいます。このことは、ラジウムなどの放射性元素がベータ線を放出していることで、あきらかです。ベータ線は、核の電気的引力にまさる運動量を持った電子です。ですから、核内に落ちこむ電子は、その運動量が、ある値以下でなければならないことになります。これを言いかえると、電子が核内に存在しうるためには、その運動量の不確定範囲が、ゼロより大きく、ある値より小さくなければならないことになります。また、電子は、核内に存在しているのですから、その位置の不確定範囲は核の大きさであることになります。

そこで、この核内電子の運動量の不確定範囲と、この位置の不確定範囲との積を計算してみます。すると、その値は、プランク恒数よりも、はるかに小さくなってしまうのです。これを式で示すと、つぎのとおりです。

（核外電子の運動量の不確定範囲）×（位置の不確定範囲）＜プランク恒数

この結果は、不確定性理論に反しますから、核外電子が核内に閉じこめられるということは、けっして起こりえないということになります。したがって、核外電子は、加速度運動によって電磁波を放出しても、核に落ちこむことができないままに、自分の放出した電磁波を、ただちに自分で吸収してしまうのだと考えられます。そのため外観的には、放射線が放出されないのです。この話は、プランク恒数が、原子の存在の安定を保証し、したがって、自然の安定を保つ何物かであることを示しています。

プランク恒数は、ひじょうに小さな値で、６・６２５×10^{-27}エルグ×秒という数字で表わされます（エルグとは物理学で用いるエネルギーの単位。１エルグ＝６×10^{11}電子ボルト）。もし、プランク恒数の値が、これよりも大きくても、小さくても、自然はひじょうに違った姿になるでしょう。もしかすると、どこかにプランク恒数の値がちがった、すなわち、姿の違った自然（宇宙）が、私たちの住む宇宙とはべつに存在するかもしれません。

このように、プランク恒数の存在は造化の神が、一つの物理量（ここでは位置と運動量）の積の大きさに最小値を与えるということにより、自然を制御していることを示すものです。では人間の社会の法律に、この自然が行なうような巧妙なテクニックを応用すれば、どんなことになるでしょうか。これに関連して、一つの思い出話があります。

数年前、秋のぶどうの季節に、湯川秀樹博士夫妻が、甲府市を訪問されたとき、同市の青年会主催の同夫妻歓迎レセプションがありました。その会へ私も招かれました。レセプションは、ユーモアに富んだ雰囲気の中で、同伴した夫人と自分を紹介するスピーチで進められました。そして、私の番が近づいて来たとき、素粒子理論の大家を前にして、私の頭には、プランク恒数からヒントを得たおもしろいアイデアが、突然浮かんできたのです。私は、妻を紹介することも忘れて、叫びました。

「私はいま、大発見をしました。自然の法則は、自然の完全な自由に対する制限であります。同様に、人間社会の法律も、人間の完全な自由に対する制限であります。しかし、一夫一妻の制限は、あまりに強すぎないでしょうか。

自然には、二つの物理量の積の大きさに対する制限があります。この方法を、結婚制度に応用したら、どうでしょうか。たとえば、一夫一妻のかわりに、奥さんの数と子どもの数の積に対して、制限を加えるのです。かりに、その制限数を六とします。そうすると、最大限、奥さん一人と子ども六人、または奥さん二人と子ども三人、または奥さん三人と子ども二人、または奥さん六人と子ども一人を持つことが許されることになります。そのうえ、この制度のすぐれている点は、結婚目的が享楽であると考える人は、子どもを作らなければ、無限大数の奥さんを持つことができます（6を無限大で割るとゼロ）。また、結婚目的が種族保存であると考える人は、無限大数の子どもを持つことが許されるのです。要するに、一つの制度が、享楽と種族保存という、相反する目的に使われうるのでありますう……」

主賓（しゅひん）の湯川博士は、ゲラゲラと笑われました。しかし、私のこの大発見のユーモアの意味も、プランクの大発見と同様に、ほかの大多数の人からは、理解されませんでした。反対に、あの人は、危険思想の持ち主であると、考えられたようです。

【監修者注】
（1）現代では、「不確定性原理」と呼ばれています。
（2）現代では「プランク定数」と呼ばれています。

第四章

宇宙の謎を解く素粒子の活躍

1　星は永遠に光り輝くのか

宇宙は、素粒子からはじまった

これまでに、物質中の素粒子のふしぎな性質について、述べてきました。ここでは、その知識のうえに立って、宇宙空間における素粒子の活躍について、みていくことにしましょう。私たちに考えられる、もっとも小さなものである素粒子が、巨大な宇宙のなかで、さまざまな活躍をしているのです。

宇宙では、どのような素粒子が活躍しているのでしょうか。まず、陽子と電子の大部分は、水素原子を形成しています。その水素原子の約半分は、星を作り、他の半分は、広大な宇宙空間に散在しています。あとのほうのものは、星間物質と呼ばれています。星間物質の場合には、原子のままの形で存在するものと、分子の形で存在するものとがあります。このほかに、星や星間物質の中には、水素原子よりも重い原子（炭素、酸素、鉄など）も少量あります。その原子核には、水素原子とちがって中性子がふくまれています(1)。

素粒子の中には、このように原子や分子を作るばかりでなく、単独で活躍しているものもあります。それは、光すなわち光子と、宇宙線です。宇宙線というのは、高速度で宇宙空間を飛びまわっている陽子のことです。このほかに、もう一つ、単独で飛びまわっている特殊な素粒子があります。それはニュートリノという素粒子で、これはなかなかの曲者(くせもの)です。中性子は、単独ではほとんど存在していません。それは、すぐに陽子と電子とニュートリノに崩壊してしまいます。

以上が、宇宙空間における素粒子の活躍状態です。したがって、宇宙は、星と星間物質と、そして、それらの間を飛びかう光、宇宙線、ニュートリノで満たされているといえます。これら全部は、相互に密接な関係を持ち、超巨大な規模で、ふしぎな現象を展開しているのです。

それでは、まず宇宙の中の素粒子の活躍を、宇宙の誕生から順を追って見てみましょう。まえに、宇宙の膨張という現象について説明しました。この現象から導きだされたハブル・ヒューマソンの方程式で計算すると、宇宙の膨張開始が、約50億年前ということになることは、すでに述べたとおりです。すなわち現在の宇宙の年齢は、50億年ということになるわけです。では、それ以前の宇宙は、どんな状態だったのでしょうか。じつは、50億年よりも前の宇宙の姿は、科学の力で照らすことのできない、黒いベールでおおわれているのです。これについて、有名なアメリカの物理学者ガモフ教授（1904年生まれ）は、50億年前に、宇宙が収縮の極点にあったとき、宇宙の物質は、超高温状態になっていたからだ、と説明しています。そこには、もはや、原子は存在せず、ただ、超高エネルギー、超高密度の素粒子の渦巻き(うずま)のみがあったと考えられます。そのため、それ以前の宇宙の姿を語るいっさいの証拠物は、超高温で焼きつくされてしまったというのです。

では、そのときの宇宙の収縮は、なぜ起こったのでしょうか。それはよくわかりません。しかし、宇宙が収縮を始めると、ガス体が圧縮されたときに、温度があがるように、宇宙も収縮によって、ますます高温状態になると考えられます。そして、ひじょうに温度が高くなると、原子どうしのはげしい衝突のために、原子も原子核も分解し、それを構成している素粒子のみになったと考えられるのです⑵。

鉛より重い水素ガスの形成

では、超高エネルギーの超高密度の素粒子の渦巻くルツボから、どういう過程をへて、現在の宇宙ができたのでしょうか？　これに関して、だれにも１００パーセント確実なことは、言えないでしょう。しかし、現在の天文学および物理学の知識から判断すると、だいたい、つぎのようなことは考えられます。

いまから約50億年むかし、素粒子の渦巻くルツボは急速に膨張を始めました。そのすさまじさは、ことばで表現できませんが、むりに比較すれば、水爆の爆発に似たようなものだと仮定されます。そして、中にあった素粒子は、想像を絶した超巨大な運動エネルギーを持って飛散したと推測されます。ところで、なぜ、爆発をはじめたのでしょうか。その理由はよくわかっていません。素粒子の性質となにか関係がある、と想像する物理学者もいます。さて、その結果、宇宙の体積は急激に増大しはじめたのです。飛散した素粒子の持つ巨大なエネルギーは、この体積を膨張させるために消費されました。そして、あれだけ高かった宇宙の温度は、エネルギー消費のために、急速に冷却していきました。

膨張開始約30分後の、比較的冷却した宇宙には、光以外に、2種類の素粒子が渦巻いていました。それらは、電子、陽子です。宇宙に渦巻いていたこの電子と陽子は、電気的引力でたがいに引きあい、質量の軽いほうの電子は、重い陽子の周囲を飛びまわり始めるようになりました。つまり、電子は陽子に束縛された状態になったのです。そして、水素原子が作られました。こうして最初の原子ができ、さらに宇宙が冷却するとともに、水素原子が2個結合して、水素分子もできました。

注　宇宙で、92種類もの原子が存在しているおもな場所は、地球のような、恒星の温度よりはるかに低温の惑星か、あとで説明する末期時代の星の内部だけです。

これらの水素原子と水素分子は、混合状態でガス状になって存在していました。このガスが、まったく均一に宇宙に分布することは、起こりにくいことです。不均一に分布するほうが、起こりやすいのです。たとえば、米粒をにぎってお盆の上にばらまいてみましょう。米粒が、まったく均一にばらまかれることは絶対に起こりません。これと同じ理由で、水素ガスも不均一分布が起こります。いちど、不均一分布が起これば、水素原子間に作用する万有引力は、この傾向をいっそう強めていきます。少し密度の高い水素ガスの雲は、その万有引力で、周囲に存在する水素原子をつぎつぎ吸引します。そして、その密度を高めていくことになります。こうして、密度の高い水素ガスのかたまりが、宇宙空間のところどころで形成されていったのです。

この水素ガスのかたまりの形成段階は、星の誕生する一歩手前です。この水素ガスのかたまりは、自分の万有引力で、その体積を収縮していきます。その結果、かたまりの中心部は、ついにガス体でありながら、鉛よりも密度の高いものとなり、同時に、そこでは温度が上昇し、1000万度以上の高温になります。それは、ガス体が圧縮されると温度が上昇するという性質を持っているからです。

水素ガスの核融合反応により、星が生まれる

このような高温では、水素原子は、高速度で運動しています。そして、水素原子どうしの高速度運動が起こす衝突は、複雑な中間現象をへて、結果的には4個の水素原

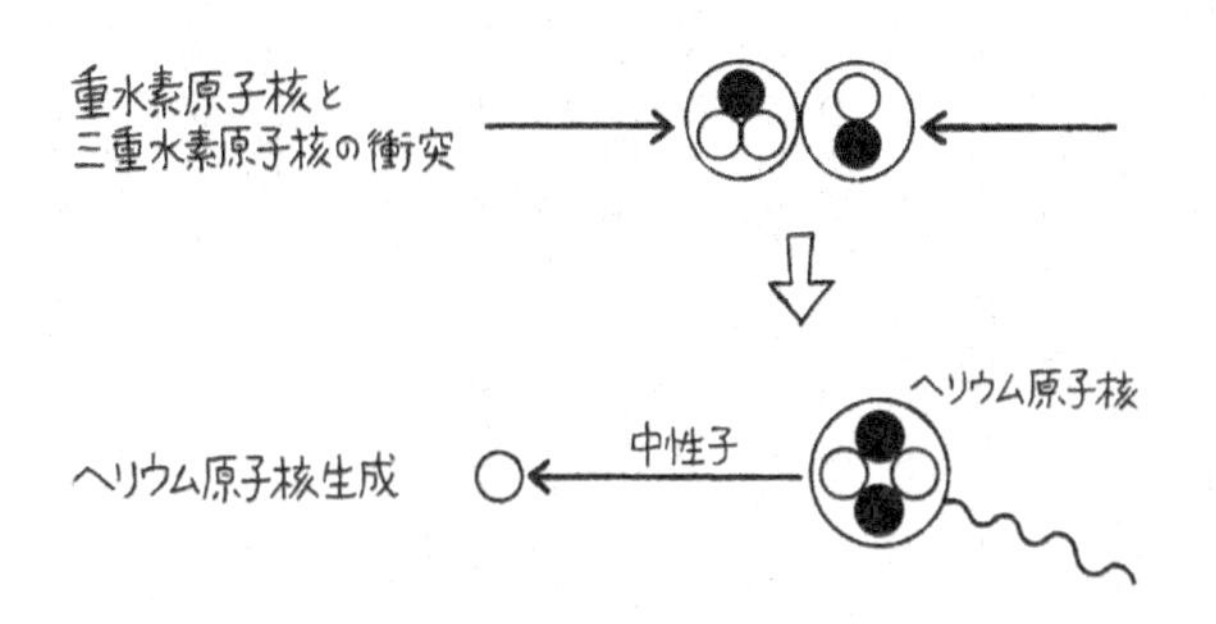

核融合反応の一例――陽子同士の衝突から、重水素、三重水素と呼ばれる原子の原子核が生まれる。つぎに、それらの原子核同士が衝突して、ヘリウムの原子核ができるのが核融合反応である。このとき巨大なエネルギーが放出される

子核を一つの核に合成（融合）して、ヘリウム原子核を作る、という現象を起こします。この反応は、核融合反応と呼ばれている反応です。このとき、巨大なエネルギーが放出されます。核融合反応の放出するエネルギーの大きさは、化学反応で発生するエネルギーの1000万倍も大きなものです。水爆は、この核融合反応を急速度で爆発的に起こすようにくふうされたものです。

水素ガスのかたまりの中心部分で、このような核融

合反応が起こりはじめると、水素ガスのかたまりは初めて光を発し、星の生命を持つようになり、星として、宇宙空間の一点に誕生するのです。このようにして、現在の宇宙はできあがったのです。

ところで、核融合によって星が輝いていると考えるようになったのは、つい最近です[3]。

19世紀には、有名なドイツの物理学者ヘルムホルツ（1821〜94）とイギリスのケルビン（1824〜1907）は、万有引力で水素ガスのかたまりが収縮するときに発生する熱エネルギーが、太陽の光り輝くエネルギーの源であると考えました。ところが、その理論によると、太陽は2000万年しか輝かない計算になり、宇宙の年齢から考えると、まったくおかしなことになります。

星や太陽が50億年も光り輝き、少しも衰えを見せない不老長命の秘密は長い間の謎でした。その秘密が、このように核融合反応であることがわかったのは、ごく最近のことなのです。核融合反応で発生するエネルギーは、化学反応や万有引力で発生するエネルギーよりも、桁（けた）はずれに大きく、そのエネルギーが、星の内部で徐々に発生しているから、星は長生きすることができるのです。

太陽の表面温度を、太陽光線のスペクトラム（光を分光装置によって、波長の長さの順に分散させたもの）から推定すると、約6000度になります。この表面温度を基礎にして、理論的に中心部分の温度を計算すると、約1900万度に達する高温であることが推定されます[4]。大部分の星の中心温度も、この程度であると考えられています。この温度は、核融合反応が起こるのに十分な温度です。それで、太陽や他の星のエネルギー源が、核融合反応によるものだと考えられるわけです。この、水素原子がヘリウム原子になる核融合反応で、解放されるエネルギーの一部分は、光として放出されます。その放出された光は可視光線ではなく、それよりも、はるかに波長の短い（光子のエネルギーが大きい）エックス光線[5]です。エックス光線は、可視光線よりも、物質透過力がはるかに強いものです。光が物質を透過するということは、物質の中を通る光が、物質中の原子および分子に吸収されないで、その物質を通りぬけることです。原子および分子は、その種類によって、ある波長の光はよく吸収するが、他の波長の光は吸収しない、という性質の違いがあります。つまり、原子および分子は、波長の大きさにより、光を選択吸収します。エックス光線の波長は、水素原子に少ししか吸収されない大きさです。それで、エックス光線は水素ガス中での透過力が強いのです。

ところが、太陽を例にとると、その透過力の強いエックス光線が、その中心から表面に到達するまで、じつに100万年という長年月を要するのです。そのわけは、エックス光線が、途中で何回も水素原子と衝突をくりかえして、少しずつそのエネルギーを失いつつジグザグ行進をするためです。そして、高エネルギーだったエックス光線は、太陽表面に達したときは、途中でエネルギーを消耗して、エネルギーの低い、すなわち波長の長い可視光線になるのです。また、太陽の表面の高温度に熱せられた水素ガス、および少量に存在する水素ガスより重い原子からも、多量の光が放出されています。これらの光はだいたい可視光線です。

私たちが見る太陽の光、および夜空に見える星からの光は、このようにして発せられているのです。

毎秒、約6億6000万トンの水素を燃やしつづける太陽

では太陽や星の寿命は、およそどれくらいでしょうか？太陽の質量は約2兆の1000兆倍トン（2×10^{27}トン）で、現在、毎秒約6億6000万トンの水素を、ヘリウムに融合しながら燃え続けています。太陽が将来も現在と同じスピードで水素を燃やし続けると、なお、今後500億年間も燃え続けることができる計算になります。望遠鏡で見える範囲内に存在する1兆の1000億倍個の星も、太陽と同じ方法で燃えているのです。ですから、星もそれぞれの大きさに応じて、その寿命は計算できます。しかし、太陽や星の生涯は、じつは、そのような単純なものとは考えられていません。そのことを、つぎに述べましょう。

太陽や星は全水素の約15パーセントを消費してしまうまでは、いままでのように定常的に燃え続けます。しかし、それ以後は、ある変化が起こります。そのころになると、水素の消費率が急速に増加しはじめ、そのため温度が急上昇するので、原形の50倍から100倍にふくれ上がります。そして、赤色に光る赤色巨星と呼ばれる星になるのです。このような状態で、全水素の約60パーセントまで消費してしまうと、こんどは温度が下がり、内部の圧力が減少しはじめ、そのために、万有引力による、ゆるやかな収縮が起こりはじめます。収縮が続くと、星の体積はますます小さくなり、その温度が上がって、白色に光る白色矮星と呼ばれる小さい星になります。そして、残りの水素を消費しつくしてしまうと、最後には光らない冷たい、1立方センチが1トンから100トンもある、密度のひじょうに高い黒色矮星となります。星がそういう状態になれば、私たちの望遠鏡の視野から消えさっていきます⑹。

しかし、全部の星が、このようにおとなしく死んでいくとは限りません。死を前にして、その運命に反抗するかのように、宇宙の一大異変を起こす星があります。この、宇宙に突然見られる星の大異変を、新星、または超新星の爆発と呼びます。その大異変とは、数日前まで他の星と区別できなかったふつうの星が、突然明かるさを増し、以前の明かるさの数十万倍になる現象なのです。これが新星の爆発です。超新星の爆発は、さらに劇的なもので、新星の爆発の数千倍も明かるくなります。新星と超新星の見かけじょうの相違は、このような爆発規模の大小です。爆発の原因は、両者で少し違っているようです。

過去の記録によると、現在までに、6回の超新星の出現が記録されています。それらはみな、銀河系内に現われた超新星であって、そのほかに、観測にかからなかったもの、または、記録されなかったものもある、と考えられます。これを考慮に入れると、超新星の爆発の頻度(ひんど)は、銀河系では、50年に1回ぐらいと推定されています。

中国の天文学者の記録に、1054年7月4日、特別に大きな超新星の爆発が見られた、とあります。それは金星よりも明かるく見えて、昼間の空に光っているのを見ることができた、と書いてあるほどです。

近代的な観測をするようになってから、銀河系外の星雲中には、過去75年間に、50の超新星の爆発が観測されています。それらの超新星は、もっとも明かるく見えるときには、それの属する星雲全体の明かるさと同程度に見えました(7)。

70億年後には、星も太陽も燃えつきる

このような超新星の爆発には、二つのタイプがあることがわかっています。それは、星の古い新しいによって決められるものです。宇宙誕生以後も、少しずつ星が作られています。それで、そのような星を新しいと呼び、以前からある星を古い星と呼んで、

区別します。

まず、古い星の場合に起こる超新星の爆発について見てみましょう。そのような星は、万有引力によって収縮しているので、内部の温度が上昇しても、容易に膨張できない不安定な状態になっています。そのため、なにかの原因で内部の温度が少し上昇すると、核融合速度が速くなり、熱が発生します（核融合反応速度は、温度が高いほど速くなることがわかっています）。そうすると、その核融合反応の熱により、さらに温度が上昇し、核融合の速度はますます速くなっていきます。

そして、ついに爆発をおこすような熱が発生し、星全体が、爆発飛散してしまうものです。数分間ぐらいで、星を作っていた全物質が爆発飛散するのですから、そのすさまじさは、私たちの想像以上のものでしょう。

もう一つは、比較的若い星に起こるものです。水素の大部分を燃やしつくした星は、万有引力の作用で、しだいに収縮し、中心部分の温度が、それにつれて上昇していきます。そして、そこでは、高温度のために、ヘリウムより重い原子、たとえば、炭素、窒素、酸素などが作られるようになります。それは、おわりに、もっとも安定性のある鉄の原子が作られる段階にまで達します。このときの温度は、約70億度という超高温度であると推定されます。このくらいの高温度までは、温度が高いほど、重い原子核が融合反応で作られることがわかっています。

ところが、これ以上に温度が上昇すると、融合反応の逆反応が起こり、鉄原子は、またヘリウム原子に分解されてしまうのです。しかも、この分解反応は吸熱反応なので、多量の熱を吸収します。そのために、今まで高かった星の中心部分の温度が、急激に下がることになります。そうなると、収縮が急に行なわれ、中心部分は、外周部分からの強い圧力に耐えることができなくなって、数分以内に押しつぶされてしまうのです。

このときに、星の外周部分に残っていた数種類の原子、すなわち、酸素、炭素、ヘリウム、および水素などが、内部のまだ冷却しきっていない高温部分に巻きこまれ、そこで、爆発的な融合反応を起こして、あたかも水爆の爆発のように、星の外周部分を、瞬間的に吹き飛ばしてしまうのです。そして、あとには小さい、あまり光らない星が残ります⑻。

このように、星によって、その生涯の経過は、それぞれ違います。しかし、天文学者は、いまから約70億年後には、太陽、そのほか、すべての星は、燃えつきて、光らなくなると予想しています⑼。

2　宇宙の放浪者たち

宇宙線の高エネルギーを電力に変えると……

素粒子の渦巻くルツボから、宇宙が誕生したことはわかりました。では、宇宙線は、どのようにして発生するのでしょうか。宇宙線は、宇宙空間を高速度で飛びまわっている陽子です。しかし、正確にいえば、陽子のほかに、全部で、陽子数の約1割のヘリウムおよび、それよりも重い原子の原子核が混入しています。

いっぽんに、1個またはそれ以上に多くの素粒子が高速度で飛んでいる場合に、それを放射線と呼びます。ですから、宇宙線も放射線の一種であるわけです。放射線のなかでも、天然放射性元素（ラジウム、トリウムなど）から出ている放射線は、よく知られています。たとえば、ラジウムなどの放射性元素からは、アルファ、ベータ、およびガンマ線と呼ばれる放射線が出ています。

いま、放射線中のただ一個の素粒子、または原子核のみを考えます。そうすると、宇宙線という放射線は、ラジウムや、原爆の爆発によって生じる放射線よりも、まったく比較にならないほど、そのエネルギーが大きいのです。このことが宇宙線の特徴です。

ところで、私の経験によると、宇宙線のエネルギーがひじょうに大きいということを話すと、その大きいエネルギーをなにかに利用できないのですかと、質問する人がたくさんいます。

それで、宇宙線の特徴であるエネルギーが大きいという意味について、少し説明しておきましょう。まえに放射線中のただ1個の素粒子か原子核のみを考えるといったのは、放射線のエネルギーは、1個の素粒子、または原子核の持っているエネルギーで表わすことが多いからです。

このようなエネルギーの考え方にたいして、私たちが日常生活でじっさいに感じるエネルギーは、きわめて多数の素粒子、原子などのエネルギーの総和をいいます。個々の素粒子のエネルギーが小さくても、その素粒子の数が多ければ、その数に比例して、総エネルギーはいくらでも大きくなれるわけです。その総エネルギーこそ、私たちが感覚に感じ、また、生活に利用できるエネルギーなのです。

たとえば、水爆の爆発のさいに、人工的に作りうる最大のエネルギーが発生しますが、そのとき、爆発の中心部にある個々の分子の平均エネルギーは、1万電子ボルトぐらいのものです。また、燃えているガス中の個々の分子のエネルギーは、約1電子ボルトです。

ところが、宇宙線粒子1個のエネルギーは、10億電子ボルトから、10億電子ボルトの100万倍ぐらいに相当するもので、まったく他のものと比較にならないほど大きいものです。たとえば、宇宙線の中の陽子は、それぞれ種々の大きさのエネルギーを持っていますが、大部分のものは、約10億電子ボルトです。なかにはじつに100億の10億倍（1×10^{19}）電子ボルトを持つものがあります。これが現在までに発見された陽子の最高エネルギーです[10]。もし、このエネルギーを電力にかえると、1ワットの電力を1秒間光らせることができるのです。しかし宇宙線粒子の数が、ひじょうに少ないので、これを集めて、私たちの生活に、エネルギー源として利用することができません。

地球の大気上層に向けて降りそそいでいる宇宙線の中にある陽子の数は、毎秒約10億の10億倍個です。この数はひじょうに大きな数です。しかし、素粒子の数としては、小さいものです。たとえば、私たちの周囲にある空気1立方センチ中に、空気分子の核外電子が、約300億の100億倍個もあります。この数を、地球に降って来ている全宇宙線中の素粒子の数とくらべれば、宇宙線中の素粒子の数が、いかに少ないかわかるでしょう。

注　ここで述べた宇宙線は、地球の大気上層にまで飛んできている宇宙線で、一次宇宙線といわれるものです。この一次宇宙線が、大気中に突入すると、空気分子の原子核

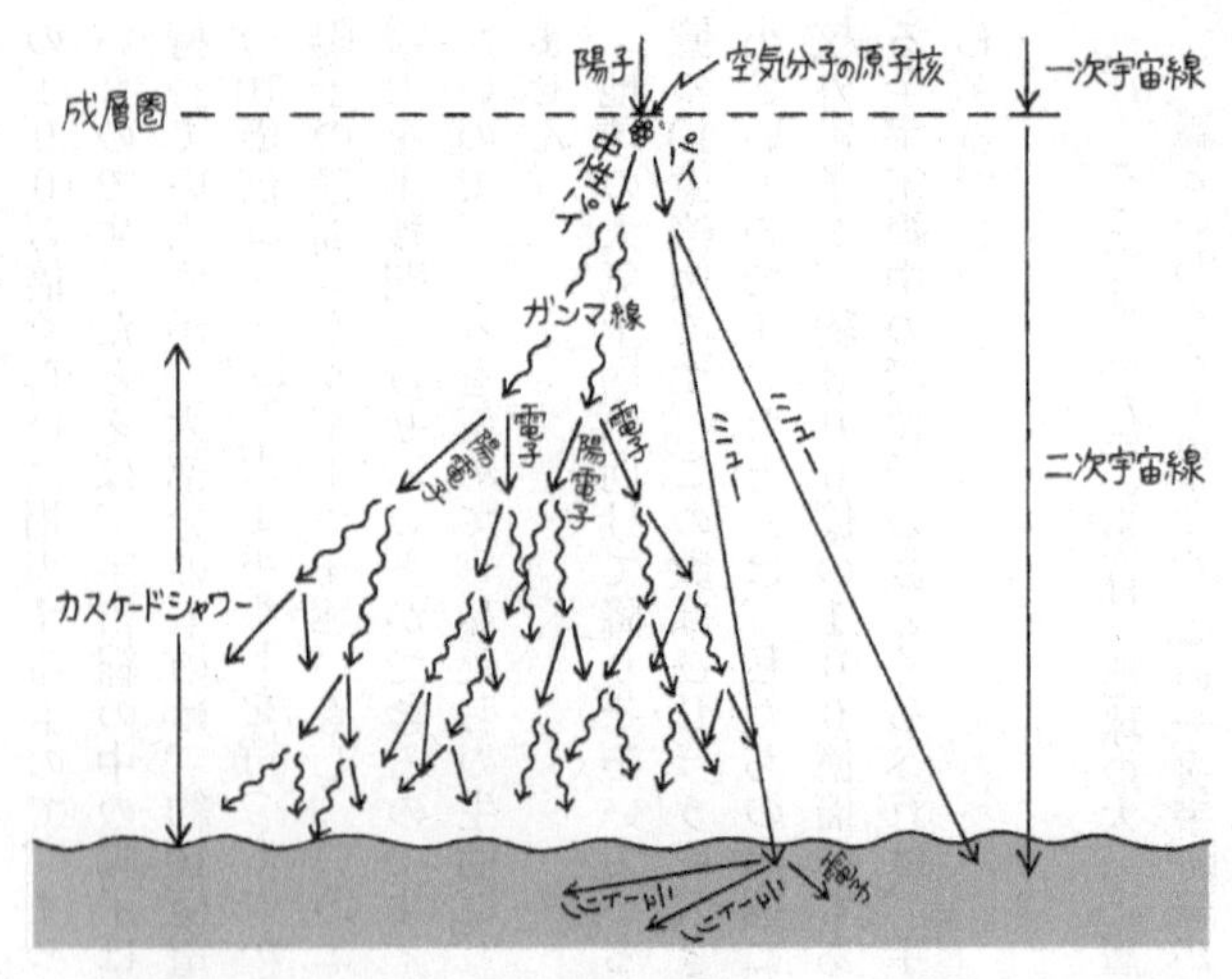

宇宙のかなたから飛んできた宇宙線（高エネルギー陽子）は、地球の大気圏で空気分子の原子核と衝突し、いろいろな変化をする

と衝突し、あとで説明するパイ中間子と呼ばれる素粒子に変化します。パイ中間子には、電気を持った中間子（荷電中間子）と、中性の中間子（中性中間子）の2種類があります。

荷電中間子のほうは、発生後、ただちに成層圏中で、ミュー中間子[11]と呼ばれる素粒子とニュートリノに変化してしまいます。このミュー中間子とニュートリノは、地上まで降って来ます。ところが、中性中間子のほうは、成層圏中で、二つの高エネルギーガンマ線に変化してしまいます。

このガンマ線は、空気中で、

高エネルギーの電子と、高エネルギーの陽電子と呼ばれるものにかわります。その高エネルギー電子は、空気分子中の原子核の近くを通ったときに、加速度運動します。その結果、マクスエル電磁気理論でわかるように、電子は電磁波を放出します。この場合の電磁波は波長が短く、ガンマ線と呼ばれます。高エネルギーの陽電子のほうは、核外電子と衝突して、二つの高エネルギーのガンマ線にかわります。この変化の過程を、何回も空気中でくりかえすと、成層圏中で発生した二つの高エネルギーガンマ線は、地上に到達するときは、多数の電子とガンマ線になっています。この電子とガンマ線の流れは、150ページの図のように、滝のような形をしています。それで、カスケード・シャワーと呼ばれています。カスケードとは滝のことです。このように一次宇宙線により、大気中で二次的に作られた宇宙線は、二次宇宙線と呼ばれています。

宇宙線は、新星、超新星の爆発で発生する

さて、このように、巨大なエネルギーを持つ宇宙線は、どこで発生しているのでしょうか。このことは、最近まで、宇宙についての、もっとも興味ある謎の一つでした。ところが最近の人工衛星、ロケットなどによる宇宙線観測、電波望遠鏡による天体観測、素粒子の性質についての、いろいろな発見などにより、この謎はほとんど解けました。

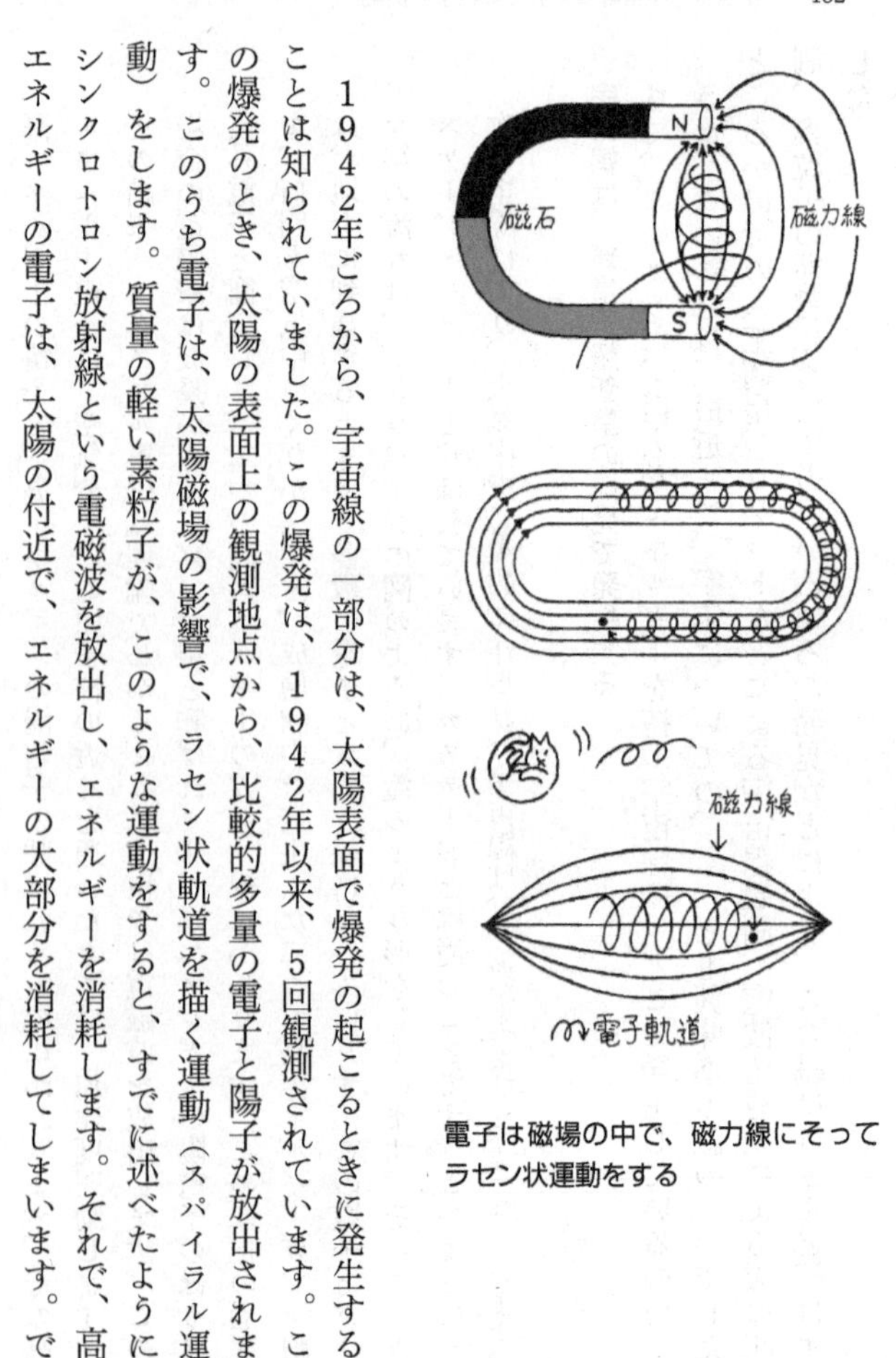

電子は磁場の中で、磁力線にそって
ラセン状運動をする

1942年ごろから、宇宙線の一部分は、太陽表面で爆発の起こるときに発生することは知られていました。この爆発は、1942年以来、5回観測されています。この爆発のとき、太陽の表面上の観測地点から、比較的多量の電子と陽子が放出されます。このうち電子は、太陽磁場の影響で、ラセン状軌道を描く運動（スパイラル運動）をします。質量の軽い素粒子が、このような運動をすると、すでに述べたように、シンクロトロン放射線という電磁波を放出し、エネルギーを消耗します。それで、高エネルギーの電子は、太陽の付近で、エネルギーの大部分を消耗してしまいます。ですから、地球には、エネルギーの小さい電子しか到着しません。宇宙線はエネルギーの大きいことが特徴ですから、これは宇宙線とはいえません。

これに対して陽子は、電子にくらべて2000倍も質量が重いので、スパイラル運動をしても、エネルギーを失うことがほとんどありません。高エネルギーのまま地球に飛来します。これが地球に到着する宇宙線の一部となるのです。太陽からくる陽子のエネルギーは、1個につき、数億から、数百億電子ボルトのエネルギーを持っています。しかし、宇宙線としては、エネルギーの小さいほうです。それでは、他の大部分の宇宙線、とくに高エネルギー宇宙線は、どこで、また、どのようにして、発生しているのでしょうか？

宇宙線の大部分は、まえに述べた新星および超新星の爆発のときに、発生するのです。新星および超新星の爆発のさい、その星を作っていた物質の大部分が、プラズマ雲（イオンと電子の混合ガス）となって、秒速約数千キロの速度で、周囲の空間に拡散していきます。そして、それといっしょに、高エネルギーの陽子、電子および軽い原子核が放出されます。これらのうち、陽子と原子核が、誕生したばかりの宇宙線なのです。

要するに、爆発によって、新星および超新星の巨大な超高温物体のほとんど全部が、プラズマ雲と宇宙線と、光と電子に、一瞬の間にかわってしまうのです。したがって、

1回の爆発で、ばくだいな量の宇宙線が、発生するわけです。宇宙線の大部分は、こうして発生すると考えられています。ところで、ここで誕生したばかりの宇宙線のエネルギーは、まだ、地球に到着している高エネルギー宇宙線のエネルギーほど、大きくありません。この宇宙線は、宇宙空間中で、高エネルギーを持つようになるのです。

宇宙における巨大な磁場の働き――「フェルミ加速」

では、宇宙線はどのようにして、高エネルギーを持つようになるのでしょうか。それは、フェルミ加速という現象によってです。フェルミ加速というのは、宇宙空間の磁場の働きによって起こります。

ここで、まず、磁場がどうして発生するか、説明しておきましょう。磁場は、電気を持った粒子が運動すると、その周囲にできます。たとえば、電磁石が、その例です。電磁石は鉄心と、その周囲にぐるぐると巻かれた銅線(コイル)からできています。コイルに電流を流すと、鉄心は磁石になります。ところが、鉄心をコイルから取り去っても、コイルの周囲に弱い磁場が生じています。これは、磁場が電流によって起こっていることを示しています(鉄心はコイルに発生する磁場を強める作用をするのです)。ところで、電流とは、導体の中を流れる電子の流れです。

ですから、電流を通したコイルの周囲に発生する磁場は、コイルの銅線中を流れる

大きなボールが衝突すると、小さなボールが得をする——フェルミ加速

電子に原因していることがわかります。電子が銅線中ではなく、空間を飛んでも、その周囲に、電子といっしょに磁場が発生します。また、電子のみならず、電気を持った原子、すなわちイオンが飛んでも、その周囲に同様に磁場ができます。宇宙空間の磁場は、このようにして発生したものです。

宇宙空間における磁場とは、プラズマ雲によるものと、星間物質によって起こるものとがあります。プラズマ雲は、前述のように、電子とイオンからできています。その電子とイオンは、運動していますから、プラズマ雲は磁場を持つのです。星間物質は、星からのエックス光線、紫外線、宇宙線などを浴びて、その一部分は電子を失い、イオンになっています。そして、そのイオンは、星からの光の圧力（光は物体に圧力をおよぼすことが、わかっています）で、不規則な運動をしています。したがって、星間物質もまた磁場を作ります。この磁場の強さは、イオンの密度、イオンの流れの速度により違いますが、銀河系内では、平均して、10万分の1ガウスぐらいです（ガウスは磁場の単位です。地球表面での地磁気の強さは、数分の1ガウス程度です）。

では、この磁場がどのようにして、フェルミ加速という現象を起こすのでしょうか。フェルミ加速というのは、有名なイタリア生まれの原子物理学者フェルミ（1901～54）によってとなえられたものです。それは、わかりやすくいうと、つぎのような現象です。ここにたくさんの巨大な重くてかたいボールと、たくさんの小さい軽くてかたいボールが、入りまじって飛んでいるとします。巨大なボールと小さいボールの間に、たびたび衝突が起こります。この衝突が何千回もくりかえされると、平均して、小さいボールの速度が早くなっていくのです。このことは、数学的に証明することができます。このような現象をフェルミ加速というのです。

宇宙線は、高速度で、宇宙空間を飛んでいます。プラズマ雲や星間物質によって起こる磁場の雲も、運動しています。まえの例でいえば、宇宙線は小さいボールで、磁場の雲は大きなボールです。この両者が衝突した場合に、平均して、宇宙線の速度は早くなり、エネルギーが大きくなるのです。

宇宙線が宇宙線になるまでには、何千万年もかかる

　では、このフェルミ加速はどこで起こるのでしょうか。銀河系の星の存在している範囲は、円盤状です。しかし、銀河系の磁場の雲が存在する範囲は、円盤の外へはみ出しています。その大きさは、円盤を包む半径約5万光年の球体です。その球体はハローと呼ばれています。銀河系でいえば、フェルミ加速の起こる舞台は、このハロー内全域です。宇宙線は、生まれてから高エネルギーになるまで、ハロー内を何百万年から、何千万年の長期間放浪します。そして加速された宇宙線のごく一部分が、地球を訪問しているのです。また、宇宙線のなかには、ハローを脱出して、終わりのない宇宙旅行に出発するものもあります⑫。

　それでは、ハロー内に磁場の雲が存在することが、どうしてわかったのでしょうか。まえに述べたように、超新星の爆発のときに、電子が発生します。この電子が、ハロー内の磁場の雲の中に飛びこむと、磁場の影響でスパイラル現象を起こし、シンクロトロン放射線を出します。そして、その放射線の一部分は、地球にとどいています。シンクロトロン放射線は、前述のように電磁波、すなわち電波ですから、これを、地上で、電波望遠鏡でキャッチして、そのシンクロトロン放射線の源（磁場の雲）の所

在を知ることができるのです。

　ところで、宇宙線は何年ぐらい前から、宇宙に存在したのでしょうか？　種々な観測と、フェルミの理論を組み合わせて推定すると、１億年ぐらい前から、現在とほぼ同量の宇宙線が、銀河系に存在したことになります。他の星雲についても、銀河系の場合と、だいたい同じことがいえます。このように、現在の宇宙では、星、星間物質、プラズマ雲、磁場の雲、光、宇宙線が、たがいに関係しながら活躍しているのです。

宇宙の神秘を解くニュートリノ素粒子

　ところで、星が光を放出するさい、まえには述べませんでしたが、ひじょうに特徴のあるニュートリノという素粒子が放出されます。このニュートリノは、宇宙線のなかの陽子のように、高エネルギーではありません。むしろ、その大部分が低エネルギーです。しかし、驚異的な性質を持っているのです。それは、強力な物質透過力を持っていることです。

　この素粒子は、一列にならべた１００万個の地球でも貫通できるほどの透過力を持っています。巨大な星雲でも、ニュートリノにとっては、ほとんど障害にはなりません。そして、その速度は光と同じで、つねに光速度です。ニュートリノは、星の内部で陽子融合反応（水素原子核から、ヘリウム原子核ができる融合反応）が起こるときに、

私たちの体を毎秒 100 兆個のニュートリノ粒子が貫通している

光といっしょに放出されます。まえに述べたように、光は星の中心部から表面に到達するまでに、約100万年を要しますが、ニュートリノは、星の内部も光速度で、なんの抵抗もうけずに飛びますから、中心から表面まで出るのに数秒もかからないのです。光もニュートリノもエネルギーを持っています。したがって星は、つねに宇宙空間に、光のエネルギーを放出すると同時に、ニュートリノのエネルギーも放出しています。計算によると、太陽、および星が放出するニュートリノ全体のエネルギーは、光の全体のエネルギーの約10分の1です。

地球には、太陽から、おびただしい量のニュートリノが降りそそいでいます。少なく見積もっても、私たちの体は、毎秒約100兆個のニュートリノによって、上下、左右方向から貫通されているのです。しかも、この大量のニュートリノは、私たちの体には、なんの作用もせずに貫通します。私たちの一生の間に、約1個のニュートリノが体内で止められる程度です。そして止められると同時に、ニュートリノは、べつの素粒子に変化します。

最近になって、このニュートリノが、超新星の爆発まえに、その星から、特別に多量に放出されていると考えられるようになりました。この場合に、ニュートリノの放出される方法が、ふつうの星から放出される方法とは違っているのです。それは、つぎのような方法です。

爆発をおこす星は、爆発の起こる数百年前から、その中心部が数億度以上の高温状態であると推定されます。このような高温物体から出る光は、ひじょうに波長の短い光で、したがって、エネルギーの大きい光子から成っています。ところが、そのエネルギーの大きい光子と光子が衝突すると、二つの光子は、二つのニュートリノに変化することが、最近理論的にわかったのです。

超新星になる星は、こうして爆発の数百年前から、多量のニュートリノを宇宙空間に放出しているのです。そのニュートリノの全体のエネルギーは、ふつうの星の場合と違って、同じ星から出る光のエネルギーよりも、ずっと大きいと推定されます。いずれにしても、新星も、超新星と同じように、その爆発まえに、多量のニュートリノを放出するものと考えられます⑬。

それでは、こうして星から誕生したニュートリノは、その驚異的物質貫通力を持って、ひたすら、宇宙の果てを目ざして飛んでいるだけでしょうか。現在、物理学者は、あとで説明するように、人工ニュートリノの検出には成功しましたが、宇宙ニュートリノのほうは、まだ成功していません⑭。したがって、確定的なことはなにも言えませんが、現在の知識から想像されることは、宇宙ニュートリノの存在は、宇宙の膨張の原因、現在の宇宙の構造に、重大な関係を持っているということです。こういうことを想像する根拠は、ニュートリノと星の間に、万有引力が作用すると考えられるからです⑮。

さらに、ニュートリノは、私たちの宇宙とは、まったく逆の、反宇宙の存在について考えさせる手がかりを提供しています。このことについては、あとで、くわしく述べることにしましょう。

【監修者注】

(1) 星や星間物質(銀河内の星間空間に存在する物質)の他にも大量の物質が存在すると考えられていますが、それがどこにあるのか、どのような状態なのか、まだよくわかっていません。

(2) ビッグバン宇宙論によると、ミクロな宇宙が超高温・超高密度状態で生まれ、その後大膨張して現在に至ると考えられています。誕生の瞬間や大膨張の要因についてはまだよくわかっていません。

(3) 1900年代前半に基礎的な理論が提案されています。

(4) 現代では1600万度前後と考えられています。

(5) 現代では単に「エックス線」と呼ばれます。

(6) 星の進化は星の質量によって異なります。ここで紹介された太陽→巨星→白色矮星(はくしょくわいせい)という進化はその一例です。星の進化や星の内部構造に関しては、未解明な部分が多く残されています。

(7) 観測技術の発達により、現代では超新星は1日に1個以上の割合で発見されるようになっています。

(8) 現代の天文学によると、超新星には二つのタイプがあります。一つは質量の大きな星が起こす爆発で、これは本節の「比較的新しい星の爆発」に対応します。もう一つは白色矮星が起こす爆発です。

(9) 非常に大まかに言えば太陽の余命は50億年です。ただし、太陽よりもはるかに寿命の長い星も存在します。また、星の誕生時期もバラバラで、現在でも新しい星が生まれていますので、この宇宙から星の光が消えるのははるか先の未来でしょう。
(10) 現代では、100億の100億倍（10^{20}）電子ボルトを超える高エネルギーの宇宙線も観測されています。
(11) その後、ミュー中間子が実は中間子の仲間ではないことが判明したため、現在では「ミュー粒子」と呼ばれています。本書では他の箇所でもミュー中間子という記述がなされますのでご注意ください。なお、中間子はクォークとその反物質である反クォークから構成されています。反物質については第七章で解説されます。
(12) 現代では、超新星爆発や電波銀河等の活動的な場所での加速が有力視されています。
(13) 現代では、大質量星が超新星爆発を起こす瞬間に大量のニュートリノが発生すると考えられています。そして、爆発のエネルギーの99%以上がニュートリノによって運ばれると考えられています。
(14) 現代では、宇宙ニュートリノの観測に成功しています。特に、超新星爆発のニュートリノ観測に初めて成功したことで、小柴昌俊（こしばまさとし）氏はノーベル物理学賞を受賞しました。
(15) 現代の天文学では、ニュートリノが宇宙の構造形成に深く関係した可能性が指摘されており、盛んに研究されています。

第五章

時間が遅れ、空間が縮む世界

1　光は真空を伝わる

私たちの体は、毎分、約100個のミュー中間子が貫通している

ニュートンは、時間というものは、無限の過去から、無限の未来へ、同じ速さで、なにものにも影響されずに、経過するものであると考えていました。彼は空間の性質についても、同様に考えていました。すなわち、空間の広さをはかる長さは、やはり、自然のいかなる現象にも影響されない一定不変のものであると考えていました。私たちが、日常生活で、ばくぜんと考えている常識的な時間と空間の概念も、これと同じものです。

この常識にもとづいて考えると、広大な宇宙を人間が旅行する場合、たとえ、光速度のロケットで旅行しても、パイロットの出発後の余命が50年とすれば、50光年の範囲しか飛べないことになります。しかし、これは、時間と空間のふしぎな性質を知らない人の答えです。原理的に光速度のロケットを作ることは不可能ですが、その0・9998倍ぐらいの速度のロケットを作ることは、原理的に可能と考えられます。その場合、パイロットは、約50光年の50倍、すなわち、ほぼ2500光年遠方まで飛ぶことができるのです。

そのような時間と空間のふしぎな性質は、理論的に考えられるばかりでなく、じっさいの現象として起こっているのです。その実例の一つとして、二次宇宙線の一つであるミュー中間子という素粒子を取りあげましょう（以下ミュー中間子をミューと略します）。

二次宇宙線というのは、宇宙から飛来した宇宙線が、大気上層（成層圏）で、空気分子の原子核（窒素、酸素など）と衝突して、二次的に生まれた宇宙線です。その衝突により、高エネルギー陽子は、2種類のパイ中間子となります。このうち、一方のパイ中間子から、ニュートリノとともに、ミューが生まれるのです。これらの二次宇宙線に対して、宇宙から飛来する宇宙線を、一次宇宙線と呼びます。

ミューは、静止した状態ではかると、生まれてから100万分の1秒後に消滅し、一つの電子と二つのニュートリノに変化してしまいます。このことから、ミューの寿命は、100万分の1秒であるといえます。

この寿命の長さは、いっさいの外力にぜんぜん影響されずに、一定であることがわかっています。したがって、ミューは時計の役目を果たすことができるのです。ところが、このミューが、時間と空間についての、常識では信じられないほどのふしぎを物語っているのです。

まず、二つの観測事実を提供しましょう。

○第一の事実

ミューは、地上約15キロの高さの成層圏で、パイ中間子より作られています。このことは、気球、ロケットなどによる宇宙線観測により確認されていて、まったく疑う余地がないのです。

○第二の事実

ミューは、ほとんど光速度に近い速度（光速度の0・9998倍）、すなわち、秒速約30万キロで地上に降ってきています。私たちの体は、いまもミューより貫通されつつあります。その数は毎分約100個です。私たちの体の中で止まるミューもありますが、大部分は、地中にまで突入してから止まります。そして、止まったミューは、電子とニュートリノに崩壊します。このことも、観測装置を用いて、容易に実証することができます。

さて、この二つの実験事実は、とうてい常識で説明することのできない矛盾を物語っています。なぜならば、ミューの飛行速度は、秒速約30万キロですから、ミューが一生の間に飛ぶことのできる最大距離は、

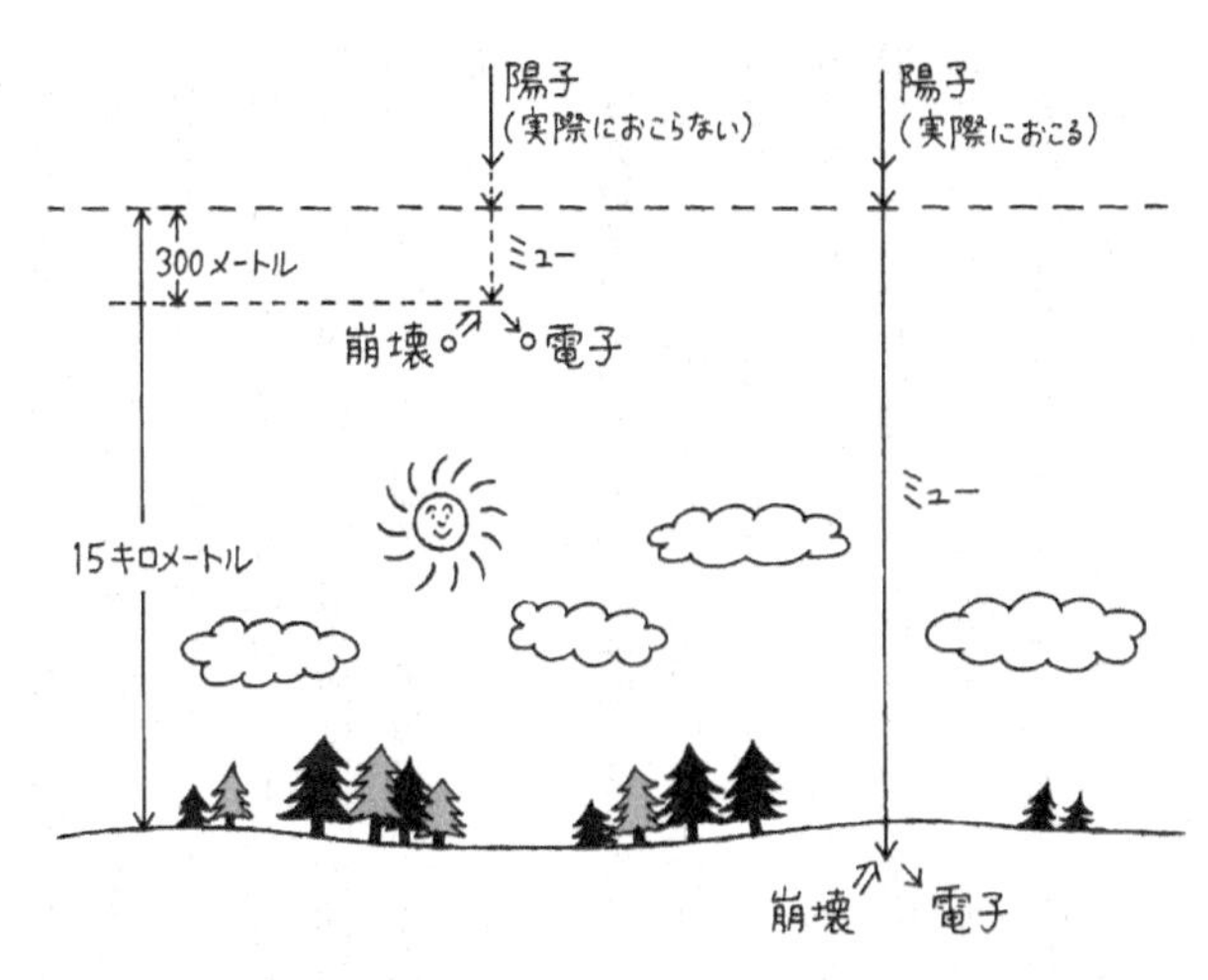

ミューは、自分の寿命の50倍生きる

30万キロ×100万分の1秒
＝0・3キロ
のはずです。ところが、前述の二つの事実は、ミューが、じっさいに、15キロ以上を飛んでいることを示しています。言いかえれば、予想される最大飛行距離の50倍以上も、ミューは飛んでいるのです。すなわち、寿命が50倍ものびたわけです。

このミューのふしぎな行動は、なにを意味するのでしょうか？ それは、ミューが光速度で飛んでいることに原因しているのです。私たちは、光速度に近い速度で飛ぶ物体を、日常生活では見ていません。私たちの知っている、もっとも早い速度で飛ぶ物体は、人工衛星打上げ用ロケットです。しかし、その速度が、光速度と比較にならないほど小さいことは、つぎの例でわかります。

太陽にいちばんちかい星（アルファ・センタウリ）は、太陽から4光年（40兆キロ）もはなれています。かりにロケットが地球脱出速度（地球引力に打ち勝って、引力圏外まで脱出するのに必要な最小速度）の秒速11キロで、4光年の距離を飛ぶと、約10万年かかります。この話で、光速度が、どんなに私たちの常識を越えた速さかわかるでしょう。

準光速度ロケットなら、50年間に2500光年飛べる

私たちの常識によれば、出発後の余命50年のパイロットが、彼の一生の間に、2500光年の遠方まで飛ぼうとすれば、ロケットの速度を光速度の50倍にする必要があります。しかし、前述のミューの例でわかるように、ロケットが光速度に近い速度で飛ぶことができれば、パイロットの存命中に、ほぼ2500光年飛べるのです。このことを、もう少し正確に表現すると、つぎのようになります。

「光が50年間で到達するのは、50光年の距離であるが、ロケットが光速度の0・9998倍の速度で飛べば、同じ50年間に、ほぼ2500光年の距離を飛べる」

この話は、初歩の算術に反するような奇妙なことです。だれでも、こんなことは絶対に起こりえないと考えるでしょう。どうして、光速度に近い速度で飛ぶ物体に、このような奇妙なことが起こるのでしょうか。この理由は、これから述べる特殊相対性理論で説明できるのです。

特殊相対性理論は、光速度不変の原理と呼ばれるものが、いちばんの基礎になっています。それでまず、光速度不変の原理から説明しましょう。光速度不変の原理とは、等速度で運動しているすべての観測者に、光速度が一定に見えることです。

光速度を測定するのに、ある測定された二点間の距離を、光が通過するのに要する時間を測定すればよいわけです。そして、その距離を通過時間で割ればよいのです。たとえば、1メートルのものさしの一端から他端まで、光が進むのに要する時間を測定します。しかし、実際上は、光がものさしの両端を通過する瞬間の時間を、直接的な方法で、正確に測ることは困難です。それで、その時間の測定に、種々なくふうがなされています。しかし、いずれにしても、光速度を測定する方法は、分解すれば、二点間の通過時間と、二点間の長さの測定になります。こうして測定されたもっとも正確な光速度の値は、秒速2・99792×10^{10}センチ（約30万キロ）です。

さて、この知識にもとづいて、「等速度で運動しているすべての観測者に、光速度は一定に見える」ということです。このことばの意味を、もう少し具体的に説明すると、つぎのようになります。

すなわち、これは光の来る方向に飛んでいる人が光速度を測定しても、光から逃げる方向に飛んでいる人が光速度を測定しても、光速度の大きさは、秒速2・9979 2×10^{10}センチだということなのです。しかも、その測定者の速度は、等速度であればよいので、速度の大きさは、いくらでもよいのです。ところで、この原理を理解するために、まず、物体の速度とはどんなことかについて、考えておく必要があります。

速さとは、どんなことか

物体の速度を表わすときは、その速度を比較する物（対照物）が必要です。対照物になるものを明示していないときは、それが、あまりにもよくわかっている場合です。しかし、いずれの場合も、かならず対照物があります。

たとえば、新東海道線の超特急の速度は、時速250キロである、と書かれてあったとします。この場合、超特急の速度の対照物になるものは、地面です。それは、地面に対して250キロの速度という意味です。

音波の速度が、秒速約300メートルである、といった場合には、その速度の対照物は、空気です。水面の波の速度が、秒速10メートルである、といった場合には、その速度の対照物は、水です。それでは、光の速度の対照物になるものは、なんでしょうか。

アインシュタインが特殊相対性理論を発表するまでは、物理学者は、エーテルという仮想物質（有機物質のエーテルとは違います）の存在を仮定していました。その仮定によると、エーテルが真空空間をくまなく満たし、光は、そのエーテル中に起こる波動であると考えられたのです。したがって、光の速度の対照物になるものは、そのエーテルであることになります。光に対するエーテルは、水面上の波に対する水の関係と同じと考えられたのです。

ところが、この仮定が、あとで実験事実と重大な矛盾を来たしたのです。その矛盾とは、つぎのようなことです。地球は太陽の周囲を、秒速約29キロの高速度で公転しています。それで地球は、宇宙を満たしているエーテル中を運動している、ということになります。エーテルを湖の水にたとえると、地球は水中を泳いでいる魚のようなものです。そして、エーテルに対する地球および物体の速度を、絶対速度と呼びました。

それで、地球上の人が見ると、エーテルは地球の運動方向とは逆方向に、地上を流れているはずです。地球の運動方向は、東西の方向です。したがって、東西方向にエーテルの流れがあるはずです。これに対し、南北方向には、エーテルの流れがありません。したがって、地上で光の速度を測定する場合のことを考えると、つぎのことがいえます。

光を東から西に送って光速度を測定した場合と、光を西から東に送って光速度を測定した場合とでは、地上の人が見る光速度の値は違っているはずです。いまかりに、エーテルが東から西に地上を流れているとします。前の場合には、光はエーテルの流れに乗ってエーテル中を伝播するから、地上で見る光速度の値は大きくなり、あとの場合には、光はエーテルの流れに逆らってエーテル中を伝播するから、地上で見る光速度の値は小さくなります。

この話は、なにもむずかしい話ではありません。たとえば、川の流れに乗ってボートを進める場合と、川の流れに逆らってボートを進める場合とでは、川岸に立っている人が見ると、前の場合にはボートの速度が速く、あとの場合にはボートの速度がおそく見えることと同じような話です。まえの話のエーテルの流れを川の流れに、光をボートにたとえると、この話になるのです。

それで、このことを実験的に検証するために、1887年、アメリカのマイケルソン（1852〜1931）とモーリ（1838〜1923）が、ひじょうに精巧な機械を用いて、有名な実験をしたのです。ところが、その結果は、まったく信じられないほど奇妙なものでした。光速度は、エーテルの流れに無関係に、まったく一定でした。

この奇妙な事実を、当時の物理学者は、どう説明してよいのか戸惑ってしまいました。事実の重大性に気づいたマイケルソンとモーリは、何回も実験をくりかえしましたが、結果は同じでした。そのとき26歳のアインシュタインの天才的洞察力は、エーテルという媒質を仮定するのは、まちがいであることを発見したのです。

彼は、エーテルという媒質を考えるかぎり、この奇妙な実験事実を説明することができないと考えました。そして、この実験事実は、少なくとも、エーテルが存在しないことを示していると判断しました。そして、彼はエーテルの幽霊的存在を抹殺し、マイケルソンとモーリの実験事実を、そのまま受け入れたのです。そして、光はエーテルの存在を必要とせず、真空中を伝播する性質があるものと考えました。

どんな高速度でも、光に追いつくことはできない

エーテルの存在を抹殺してしまうと、光速度不変の原理の必然性が理解できます。かりに、マイケルソンとモーリの実験で、東方向と西方向に進む光の速度が違ったとしましょう。そうすると、その違いは、地上を真空が東西方向に流れていることに原因します。ところが、真空は完全に均一で、なんの目印もつけられないものです。そういうものの流れということは、まったく考えられないことです。言いかえると、真空の速度は存在しないものです。

ところが、東方向と西方向に進む光の速度が違って現われたとすれば、存在しないはずの真空の速度が見いだされたことになります。したがって、そういうことは、け

っして起こらないわけです。このことから、真空中を伝播する光速度は、観測者の運動速度に関係なく一定に見えるわけです。言いかえると、すべての観測者に対する光の速度は一定です。このことが、光速度不変の原理です。

ところで、この光速度不変の原理の存在は、時間空間にふしぎな性質があることを意味します。それはどんなことかを、つぎに説明しましょう。光速度不変の原理があることによって、つぎに説明するようなことが起こると考えられるからです。

いま、地上に立っている人が、フラッシュ・ランプを、水平方向を照らすように光らせたとします。地上に立っているということは、等速度運動の速度ゼロの場合に相当します。さて、その人がフラッシュ・ランプを光らせてから、100万分の1秒後に、光の到達した距離をはかったとすると、光の速度は、秒速約30万キロメートルですから、光は300メートル遠方まで照らしていることになります（30万キロメートル×100万分の1＝300メートル）。

つぎに、フラッシュした地点から、フラッシュの瞬間に、光の進む方向に自動車が走りだしたとします。その自動車の地面に対する速度を秒速29万キロメートルとします。そうすると、その運転手は、フラッシュしてから100万分の1秒後に、光がどこまで地面を照らしているのを見るでしょうか？

この答えはかんたんです。100万分の1秒後に、自動車は、290メートル遠方

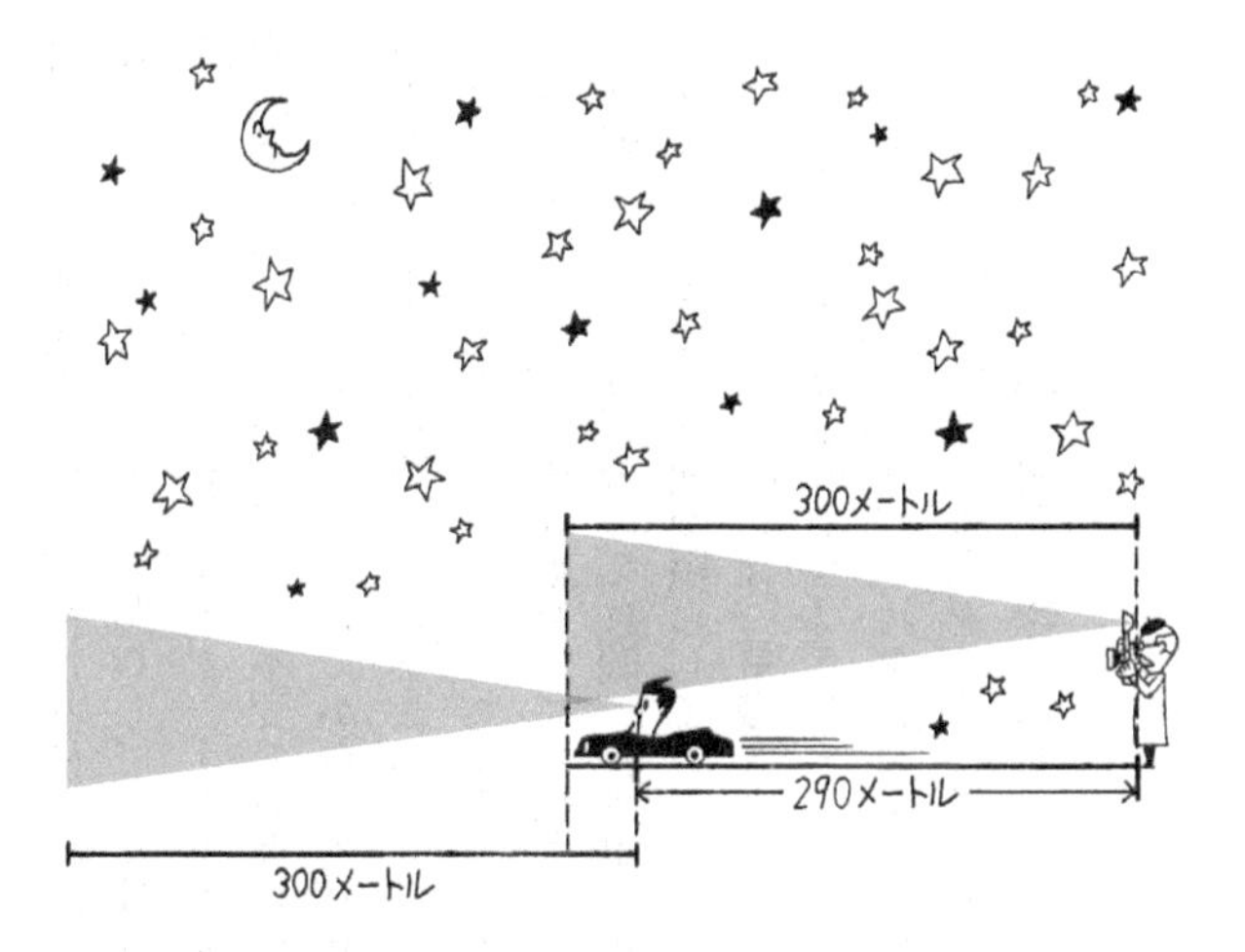

どんなに速い自動車で追いかけても光には追いつけない――光の速度は秒速30万キロ。100万分の1秒に300メートル進む。秒速29万キロの自動車で追いかけると100万分の1秒後に、光は10メートル先までしか届いていないはずなのだが……

にいっています。ところが、そのとき、光は300メートル遠方まで照らしていますから、運転手は、光が自動車の10メートル先まで照らしているのを見るはずです。

以上は私たちの常識的時間空間で考えた答えです。ところが、光速度不変の原理から考えると答えはぜんぜん違います。

やはり、その運転手にも、100万分の1秒後に、光が自分の前方300メートル遠方まで照らしていると見えます。運転手が見た、自分に対する光の速度は、やはり秒速約30万キロなのです。もし、光が運転手の前方10メートルまでしか地面を照らしていなければ、運転手に対する光の速度は、秒速で、1万キロメートル（10メートル÷100万分の1）になります。これは、じっさいの光速度の30分の1で、光速度不変の原理に反することになるわけです。

つぎに、光をフラッシュしてから、100万分の1秒後に見た光景について、地上の人と運転手の話を聞いてみましょう。

地上の人「光をフラッシュしてから、100万分の1秒後に、光は自分の前方300メートルまで、地面を照らしていた」

運転手「100万分の1秒間、自動車で走った位置で見ると、光は自分の前方300メートルまで、地面を照らしていた」

このように、二人の話は、常識とまったく一致しません。それでは、どうして、このようなことになるのでしょうか？

アインシュタインは、これを説明するためには、常識的な時間空間の概念を修正して、新しい時間空間の概念を作る必要があると考えました。そして、1905年、その新しい時間空間の概念を特殊相対性理論として発表しました。

2　絶対性の否定――「特殊相対性理論」

1メートルの棒は、10メートルの棒でもある

特殊相対性理論を直観的に理解するいちばんよい方法は、私たちの心を、まず、私たちの常識の束縛から解放することです。いちど常識を破壊してしまい、私たちの心を、なんの先入観も持たない幼児の心にもどすのです。

日本人が英語を理解しにくいのは、日本語を基礎にして、英語を考えるからです。言語学者の意見によると、どこの国のことばが、とくにむずかしいということはないそうです。ただ、いちばんむずかしいことは、いちど身につけた知識を、ひっくりかえすことです。特殊相対性理論が理解しにくいのも、これと同じ理由です。常識がじゃまになっているのです。

そこで常識を破壊する手段として、少し極端な表現ですが、つぎのように考えてみましょう。ここに1本の棒があります。常識によると、その棒の長さは、だれが測定しても同一です。ところが、このかんたんで疑う余地のないように見える事実も、じつは、私たちのたんなる経験知識にすぎないのです。それで、経験知識を否定して、棒の長さが、測定する人によって違っていると考えることにしましょう。棒の長さの

測定する人によって、距離が違うのが特殊相対性理論の世界

絶対性を否定してしまうのです。そうすると、ただ「この棒の長さは1メートルです」と言っても、まったく無意味なことです。棒の長さをいうときには、かならず、測定者の名をいわなければなりません。つぎのように言いなおすべきです。たとえば、「A氏の測定したこの棒の長さは1メートルです」。観測者がちがえば、同じ棒の長さに関して、「B氏の測定したこの棒の長さは10メートルです」ということになります。

特殊相対性理論を理解するために、たいせつなことは、これらの測定値がいずれも正しいと認めることです。そして、たんに棒の長さのみならず、地上の距離、宇宙空間における二点間の距離などについても、同様のことを認めるのです。さらに、長さばかりでなく、時間と質量についても、まったく同様のことを認めるのです。そうすると「私は1時間勉強した」ということばは、まったく無意味です。これは、「私は、私が測定して、1時間勉強した」。また、「私は、A氏が測定して、5時間勉強した」というように言いなおすべきだということになります。

そして、この両方のことばが、どちらも正しいことを承認するのです。こうして、棒の長さの場合と同様に、時間の絶対性も否定してしまうのです。こうして、常識の破壊が完了し、幼児の心にもどったとき、長さ、時間、質量の値は、測定者によって違ってくるものである、と感じるようになります。

速度が高くなれば物体は短縮し、増大し、おそくなる

特殊相対性理論で表わされる時間、空間は、このような性質のものです。ただし、その測定者による違いに規則性があるのです。その規則性をまとめて書くと、つぎのようになります。

「静止している測定者が、運動している物体の長さ、質量および物体内の時間経過の速さを測定すると、長さは物体の運動方向に短縮し、質量は増大し、物体内の時間経

過はおそくなって見える。そして、この短縮し、増大し、おそくなる率は、三つのそれぞれについて同一値である」

ここでいう運動および静止という表現は、完全に相対的です。という意味は、二人の測定者が等速度運動しているときに、どちらか任意の一方を静止していると考え、もう一方を運動していると考えるのです。

さて、この短縮し、増大し、おそくなる率は、物体の速度が、光速度の90パーセント以上になり、光速度に接近すると、かぎりなく大きくなってきます。たとえば、まえに述べた準光速度ロケットの場合のように、地上の人が見て、ロケットの速度が光速度の0・9998倍になったとき、そのロケットを地上の人が測定できたとすると、ロケットの進行方向の空間の長さは、50分の1に短縮し、ロケットの質量は50倍に重くなり、ロケット内の時間経過は、地上の時計の示す時間経過の50分の1になっています。そして、物体の速度が光速度になったとき、物体の長さはゼロ、質量は無限大、時間経過の速さはゼロになります。ところで、質量が無限大になることはできないから、物体は光速度まで速くなることができないのです。

たとえば、時間の速さがおそくなるということは、つぎのようなことです。もし、乗組員が、ロケットから、ロケット内の時計で測定して、1秒ごとに断続する光のフラッシュを、地上の観測者に送ったとします。その光のフラッシュの断続時間を、地上の観測者が測定すると、時間間隔がのびて見えます。

いま、前述のロケットが一直線に遠ざかっているとしますと、準光速度で飛んでいるのですから、1秒ごとに約30万キロ遠ざかっているわけです。ですから、ロケットから出た光のフラッシュは地球へ到着するのに、前回のフラッシュからつねに約1秒ずつ遅れるわけです。それで、乗組員がロケット内の時計で測定して、ロケットから一秒ごとに断続して送るフラッシュは、その約1秒ずつの遅れが加わって、地上の観測者には、約51秒ごとに断続して見えます。

このように、特殊相対性理論は、測定者の運動状態の違いによって、時間と空間が違ってくることを意味しているのです。この知識にもとづいて、まえに、準光速度で飛ぶロケットについて「光が50年間で到着するのは、50光年の距離であるが、ロケットが光速度の0・9998倍の速度で飛べば、おなじ50年間に、ほぼ2500光年の距離を飛べる」と述べたことを考えてみましょう。すると、この表現は、まったく意味をなさないことに気づくでしょう。その理由は50年間という時間、50光年、2500光年という距離は、だれが測定したものか、この表現ではわからないからです。

そこで、その正しい表現は、つぎのようになります。

「地球上の人が測定して、光が50年間で到着するのは、50光年の距離であるが、ロケットが地球上の人の測定した準光速度で飛べば、ロケット内の乗組員が測定したロケット内の50年間に、地球上の人が測定した約２５００光年遠方まで飛べる」

準光速度ロケット内の50年は、地球上の２５００年

たいへん、ややこしい文になりました。かえって、わかりにくくなったかもしれません。それで、これを、もうすこしくわしく考えてみましょう。はじめに、私たちは地球上にいる観測者であると仮定します。すると、私たちの見るロケットの光景は、つぎのようになります。

ロケットは光速度の０・９９９８倍の速度で飛んでいます。そして、ロケット内の時間経過が特殊相対性理論により、地球上の時間経過の50分の１の速さになっています。したがって、地球上で２５００年経過したとき、地球上の私たちが見ると、ロケットは、約２５００光年の距離を飛んでいます。しかし、私たちの見るロケット内の時間は、わずかにその50分の１の50年経過しているだけです。すなわち、私たちが見てロケットが２５００光年の距離を飛んだとき、乗組員は、地球を出発したときよりも、50年だけ年をとるのです。

つぎに、私たちがロケットの乗組員であるとしましょう。ロケットの窓から、暗黒の中に星の輝く宇宙を見ると、星は準光速度で、ロケットの進行方向とは逆方向に、流れ過ぎていきます。それは、汽車の窓から見る田園光景のように流れ過ぎます。つ

まり、この場合はロケットが静止し、宇宙が運動していると考えます。そして、星と星の距離は、地上で私たちが測定した距離の50分の1に、ロケットの進行方向（前後方向）に短縮されて見えます。地上で測定したときに、ロケットの進行方向の250光年遠方にあった星が、いま、わずかに50光年の距離に接近して見えます。

それで、ロケット内にいる私たちは、ロケット内の時計で、50年間飛んで、ロケットから50光年先に見えるその星に到達したということになるだけです。この例のように、地上の人とロケット内の乗組員の話をべつべつに聞くと、ふしぎな点はどこにも見いだされないのです。ところで、まえに、物体の長さが短縮して見えると書いたのは、話をわかりやすくするためでした。正確にいうと、空間が短縮するのです。

空間が短縮すれば、物質をつくっている原子、原子核、電子、電磁場など、すべてのものが一様に短縮します。また、原子間距離、星と星の距離も一様に短縮します。そうすると、たびたび述べた準光速度ロケットの長さは、地球上の人が見ると、その進行方向に、50分の1の長さに短縮して見えます。したがって、乗組員の体も、進行方向に短縮して見えます。もし、このような短縮が、物質について物理的な力で起こされるのでしたら、地上の人は、ロケットが押しつぶされ、その乗組員も押し殺される光景を見るはずです。しかし、そんな光景が見られない理由は、ロケットの短縮が、空間自体の短縮によるからなのです。

ロケットが光の速さに近づくと、ロケットの長さが縮んで見える

　では、つぎに光速度不変の原理から予想した、秒速29万キロの自動車の運転手が見るふしぎな現象を、特殊相対性理論で説明してみましょう。この実験のとき、地上に立っている人と、運転手の話の中に、一つの仮定があるのに気づかれるでしょう。その仮定とは、運転手の測った時間と空間は、地上の人が測ったものと同一である、ということです。この場合も、地上に立っている人（静止している人）が見る時間と空間と、運転手（運動している人）の見る時間と空間を、べつべつに考える必要があるのです。

地上に立っている人から見ると、自分の時計が１００万分の１秒経過したとき、地上の人から見て運転手の時計は、１００万分の１秒は経過していないのです。また、運転手が見て、自分の時計が１００万分の１秒経過したとき、運転手から見て、地上の人の時計は、１００万分の１秒経過していないのです。したがって、地上の人の話と、運転手の話の間に、常識では矛盾していると考えられるような、くいちがいが起こるのです。

歩いている人の時計は遅れている――メスバウエルの実験結果

特殊相対性理論による時間の遅れは、光速度に近い速度の場合、このように顕著にあらわれるものです。しかし、物体の速度がおそいときには、その率はほとんど１にひとしいものです。たとえば、現在の宇宙ロケットの速度程度では、１であるとしてもさしつかえないのです。いうまでもなく、これは時間ばかりでなく、長さ、質量についても同じです。しかし、低速度の場合でも、これらがそれぞれおそくなり、短縮し、増大しているのですから、これをたしかめる方法はないものでしょうか。

時間に関しては、ドイツのメスバウエルによって、その方法が発見されています。それは、まったく画期的な方法です。その方法によれば、実験室内で、１０００万分の１の、そのまた１０００万分の１秒の時間の進み方の遅れでも、比較的かんたんに検出することができます。

1960年、私がアメリカに滞在中、この発見は物理学者の興味の焦点でした。私もメスバウエル自身の講演を2回聞くことができましたが、その会場は、まったく超満員でした。このメスバウエルの方法をかんたんに説明しましょう。

いっぱんに原子核には、励起状態と基底状態があります。励起状態は核子の運動が、活発になっている状態です。この状態にするには、原子核を素粒子でたたけばよいのです。励起状態の原子核は、ガンマ線と呼ばれる、ひじょうに波長の短い光を出して、また基底状態にもどります。基底状態は、原子核のもっとも安定した状態で、それからは、もはやなにも放出されません。ところで、励起状態の核から放出されたガンマ線は、同種類の原子の基底状態の核により、ひじょうによく吸収される性質があります。この現象は、「核共鳴吸収」と呼ばれています。メスバウエルの微小時間測定方法は、この核共鳴吸収を利用したものです。

それでは、核共鳴吸収をどのように利用するのでしょうか。いま、励起状態の原子核を、運動物体中に置きます。そうすると、これを静止している人が見ると、特殊相対性理論により、運動物体中の時間経過が遅れているはずです。したがって、その物体中の原子核内の時間経過も、遅れているはずです。そうすると、その核内から放出されるガンマ線の振動数は、時間の遅れのために減少しているはずです。振動数と波長は逆比例しますから、このことはガンマ線の波長が長くなっているということです。

ところが、ガンマ線の波長がごく少し変化しても、そのガンマ線は、基底状態の同種類の核に吸収されにくくなります。そして、波長の変化が大きいほど、ますます吸収される率が減少します。このことを逆に利用して、放出されたガンマ線が、静止物体中の基底状態の核に吸収される率の測定から、そのガンマ線の波長の変化の大きさを知り、それから、運動物体中の時間の遅れを知ることができるのです。

その具体的な方法の一例は、つぎのようです。実験室内で、車のついた箱内に励起状態の原子核をふくむ物質をおき、それを、人の走る程度の速度で動かします。そして、その箱内の原子核から出るガンマ線を、実験室内に静止状態で置いてある、同種類の原子核をふくむ物質の層に通して、その物質によるガンマ線の吸収率を計数管を用いて測定します。

この方法で、箱の速度を種々かえてみて、速度の大きさと関係して、時間経過の遅れが、特殊相対性理論で予想される遅れと、まったくよく一致することが確かめられたのです。この実験結果を、極端に表現すれば、歩いている人の腕時計は、動かない人のものより針のすすみ方がおそいということになります。

電子が光速度で飛ぶと、地球より重くなる

特殊相対性理論の理解をさらにふかめるために、運動する物体は、その質量が増加するということを、宇宙線を例にとって、数量的に説明しておきましょう。現在までに、一次宇宙線中に見いだされている最高エネルギーの陽子は、そのエネルギーが10^{19}電子ボルトという値です。このエネルギーの値は、その宇宙線が、大気中にはいって起こす現象から推定したものです。この陽子が、静止しているときにくらべて、どれほど重くなっているかを、特殊相対性理論の式から計算すると、約100億倍も重くなっています。質量が百億倍重くなっていると、その速度がいくらということが、また特殊相対性理論から算出されます。その速度は、光速度の0・999……95（ゼロのつぎに9が20個つく）倍に達します。

また、逆に特殊相対性理論によって、速度から、質量の増加を計算できます。その計算によると、粒子の速度が光速度に限りなく接近すると、その質量は、限りなく大きくなることがわかります。かりに、かるい素粒子である電子を、光速度の0・999999……9（ゼロのつぎに9が110個つく）倍まで早く飛ばすと、その質量は地球の質量と同じになります。目にも見えない、大きさが1兆分の1ミリである電子が、地球と同じ重さになることができるのです。もし、そんな電子が、宇宙線として、地球に飛来したら、どんなことが起こるでしょうか？

太陽はいつものように輝き、大空になんの異変も見られない平和なある日、突如地球は一瞬のうちに粉砕されて、宇宙塵(うちゅうじん)となって飛散してしまうでしょう。これこそ完全犯罪です。かりに近くの天体から、だれかがそれを観察していても、その原因を知ることはできないでしょう。しかし、宇宙線粒子の速度は、それほどまで速くなることができないから、その心配はいりません。

3　地球の引力による時間の遅れ

生みの親アインシュタインにも理解できなかった「一般相対性理論」

特殊相対性理論は、等速度運動の場合のみについて考えたものです。アインシュタインは10年間の努力ののち、特殊相対性理論を加速度運動の場合にも成りたつように拡張し、それを一般相対性理論と名づけ、１９１５年に発表しました。

一般相対性理論は、非ユークリッド幾何学のうちのリーマン幾何学（曲がった3次元および高次元の空間を表わす幾何学）を用いて書かれています。これは高度の抽象数学です。そのため、これを用いた一般相対性理論は、発表された当時、これを理解できる人は、世界中に10人ぐらいしかいないであろうといわれました。ご当人のアインシュタイン自身でさえ、理解できないのではないか、といわれたくらいでした。というのは、この理論の数学的部分は、彼に協力した数学者によって書かれたからなのです。

日本では、故石原純(いしはらじゅん)博士が、アインシュタインのように、特殊相対性理論の一般化に努力していましたが、成功しませんでした。その原因は、数学者をうまく利用しなかったからです。その点、一般相対性理論は、物理学における数学の偉力を、遺憾(いかん)なく示しています。

しかし、アインシュタインによると、物理学において、数学がどれほど偉力があっても、それはたんなる道具にすぎない、ということです。というのは、物理学では、数学を道具に使う主体である物理学的発想が重要だからです。それで、ここでは、難解な数式は省略して、一般相対性理論の発想を説明しましょう。

では、一般相対性理論では、加速度運動の場合に、どのような物理現象が起こると考えているのでしょうか。アインシュタインは、リーマン幾何学を使って説明しましたが、私は宇宙ステーションの話で説明しましょう。

宇宙ステーションは、相対性理論の実験室

将来、宇宙旅行の中継基地として、大規模な人工衛星がつくられるでしょう。ここでいう宇宙ステーションとは、このことです。人工衛星は地球のまわりを公転（円運動）しています。円運動は加速度運動です。しかし、人工衛星には、円運動によって生じる遠心力と地球の引力の二つの力が作用し、それらは相殺しあっています。それで人工衛星は無重力状態になっているのです。宇宙ステーションもこれと同じ状態になっています。

さて、この宇宙ステーションに、多数の乗組員が長期間住むためには、無重力状態では困ります。それで、宇宙ステーションはリング状をしていて、そのリングが一定の速さで自転（回転）しています。そうすると、遠心力が作用して、乗組員は、リングの外側面を床にして立つことができます。この遠心力というのは、常識的に理解しにくいのですが、自転による加速度運動によって起こるものなのです。というのは、リング内の乗組員は、もし、彼の立っているリングの床の一部分がきりはずされると、切線方向（半径に直角の方向）に、リングの外へ飛んでいってしまいます。それは、ちょうど小石に糸をつけて、ふりまわしたとき、糸が切れると、小石は糸に直角方向に飛んでいくのと同じです。このことから、リングの床がリングの中心に向かって、乗組員が外へ飛び出さないように、速度を加える運動、すなわち加速度運動をしていることがわかります。

いま次ページの図のように、リングの外側面を、床にして立っている乗組員が、も

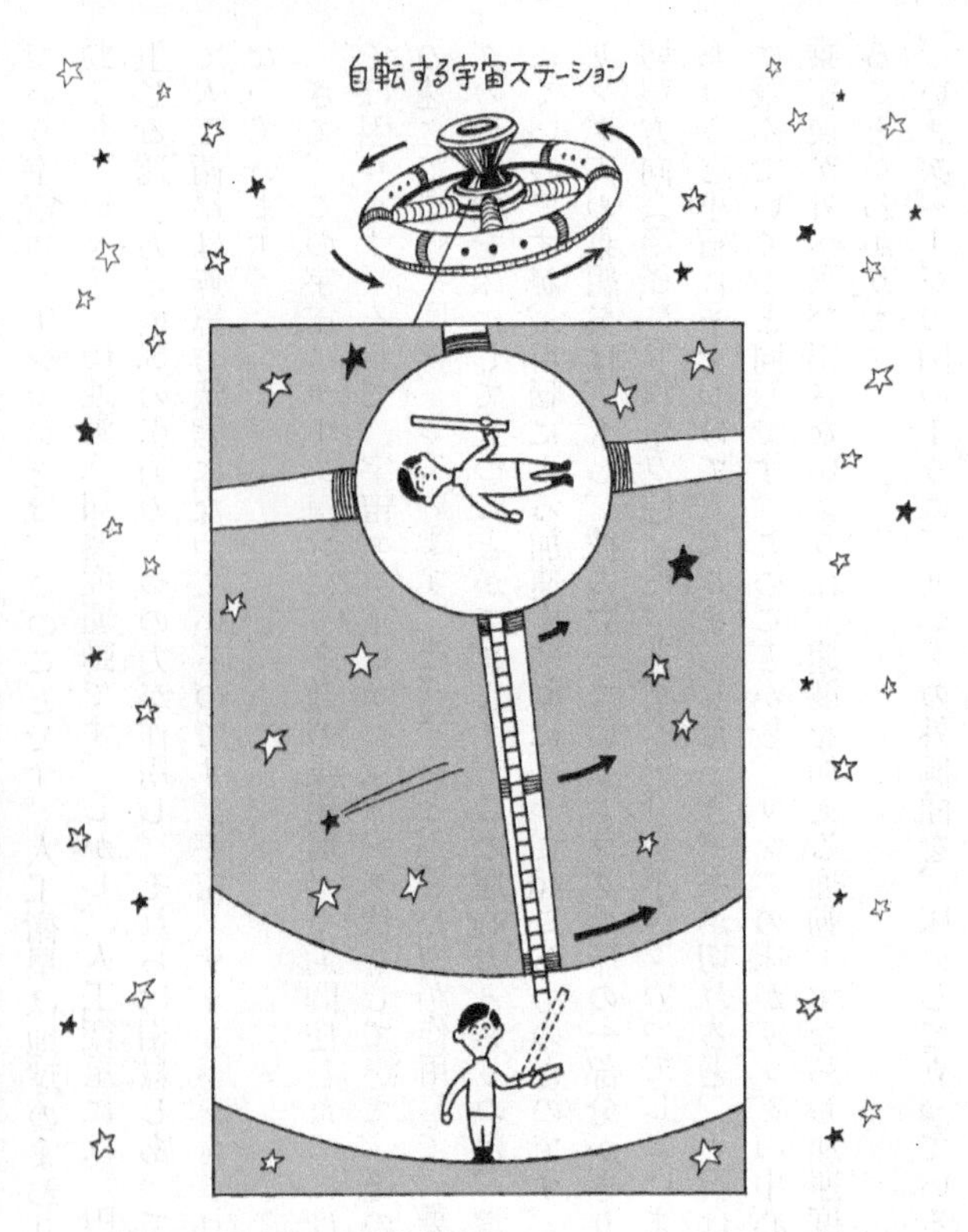

宇宙ステーションの中は無重力状態になるので、リングを一定の速さで回転させ遠心力を利用して重力を作る。そうすると、円周の方向にそって空間が縮む。その縮みは宇宙ステーションの中心部から、外周の方に行くに従って大きくなる。一般相対性理論は、このような空間の曲がりを考える理論である

のさしをリングの円周方向に向けたとします。リングは回転運動をしているから、その乗組員のいる場所は、中心方向に加速度運動をしているわけです。しかし、円周方向には、瞬間的には等速度運動をしていると考えることができます。

さて、このものさしを、この宇宙ステーションの中心と同じ速さ、同じ方向で飛んでいるロケットから見たとします。そのような運動をしているロケットは、宇宙ステーションの中心に対して、相対的に静止していると言えます。そうすると、特殊相対性理論によって、ロケットの人には、宇宙ステーションのものさしが、円周方向に短縮して見えます。また、宇宙ステーションの乗組員のそばに、時計があったとすれば、その時計の針は、ロケットの人の時計の針より、すこし遅れています。

つぎに、宇宙ステーションの乗組員が、ものさしをリングの中心方向に向けたとします。これをロケットの人が見ると、ものさしは中心方向には運動していませんから、短縮しては見えません。つぎに、乗組員が、ハシゴをのぼって、リングの中心部分にいきます。そして、その中途で、ものさしを円周方向に出してみます。ものさしは前の場合ほど短縮して見えません。中心部分へいくほど、切線方向の速度がおそくなるからです。

以上の観測から、静止している人は、宇宙ステーション内の空間は、円周方向には、外周にいくほど強く短縮し、直径方向には短縮していないことを知ります。位置と方向によって短縮の大きさが違うことは、空間が曲がっているからだと判断できます。

まえに述べたように、回転運動は、たとえ一定の速さの回転であっても、加速度運動です。ですから、この話は、加速度運動している宇宙ステーション内では、空間が曲がり、時間の経過が遅れるということを示しているわけです。

万有引力は、空間を曲げる

ところで、アインシュタインは、加速度運動と万有引力は、同じものであると考えました。それはつぎのようなことからです。

私たちが電車に乗っている場合を想像しましょう。電車が等速度で進行しているときは、窓の外を見なければ、電車は動いているのか、止まっているのか、よくわかりません。ところが、急に発車するとき、私たちは後方に押し倒されそうになります。反対に、急に停車するときは、前方に押し倒されそうになります。それはまるで、だれかに押されたときと、まったく同じ感じがします。また、エレベーターに乗っている場合には、急に上昇をはじめるとき、私たちは床に押しつけられるように、また、急に下降するときは、宙に浮かされるように感じます。

こういう現象の起こる理由は、ニュートンの運動の法則で容易に説明できます。その法則によると、物体は現状維持をしようとする性質（慣性（かんせい））を持っています。つま

人間ロケットのパイロットは、発射のときに床に強く押しつけられる。
この加速度運動による力と万有引力は同じものである

り静止している物体は、いつまでも静止を続けようとし、動いている物体は、いつまでも等速度運動をしようとします。このように、加速度運動をする電車およびエレベーター内の私たちは、現状維持をしようとするのに、乗り物の加速度運動でむりに動かされているのです。そのため乗り物の箱では、私たちも箱といっしょに加速度運動させようとする力が、私たちを、電車やエレベーター内で押す力となって、あらわれているのです。アインシュタインは、この力が、万有引力による力とまったく物理的に同じ性質の力であると考えたのです。

　このことは、つぎの例で、いっそうよくわかるでしょう。人間衛星が打ち上げられるときに衛星内のパイロットは、衛星の上昇加速度運動のために床に強く押しつけられます。そのときパイロットは、地球の重力が強くなったのとまったく同じに感じているのです。このように、加速度運動に原因する力と、万有引力が同じものであるという考えから、アインシュタインはもう一歩を進めて、相当原理(1)と呼ばれるものを考え出しました。相当原理というのは、つぎのようなものです。

「万有引力場で起こるすべての物理現象は、加速度運動をしている箱内で起こっているすべての物理現象と同じである」

　この相当原理から、万有引力場においては、空間が曲がり、時間の経過が遅れる、という現象が起こることが考えられます。たとえば、地球のまわりの空間は、地球の引力によって曲げられているわけです。相当原理にもとづく、このような万有引力場の物理現象の説明が一般相対性理論です。宇宙ステーション内の空間の曲がりは特殊相対性理論から、だいたい見当がつきますが、では、地球の周囲の空間は、どのように曲がっているのでしょうか。それは、一般相対性理論の数学的表現（まえに述べたリーマン幾何学による表現）によるよりほかに表現方法がありません。

ニュートンが説明できなかった天体現象のナゾ

まえに説明した、アインシュタインの宇宙空間の曲がりの考えは、この一般相対性理論から考え出されたものです。彼は星の万有引力が、その周囲の空間を局所的に曲げているから、多数の星の存在する宇宙空間は、全体として大きく曲げられているはずだ、と考えました。また、アインシュタインは、万有引力が、空間を曲げることから、逆に、万有引力による惑星の運動などを、空間の曲がりで説明しました。そして、その方法で、ニュートンの万有引力では説明できなかった、天体現象の謎をみごとに解明したのです。

ニュートンの万有引力は「質量を有するすべての物体間に、二物体の質量の積に比例し、その距離の自乗に反比例する引力が作用する」というものです。彼は、すべての質量を有する物体間に作用する力、という意味で、その引力を万有引力と名づけたのでした。ニュートンの万有引力は、その当時知られていた惑星の運動に関する、すべての天体現象を完全に解明することに成功しました。したがって、それは、地球上ばかりでなく、宇宙の真理に通じるものとさえ信じられたのです。

たとえば、その当時、ぜんぜん未知の存在だった海王星の存在が、万有引力の理論から予言されたのです。そして、１８４６年、予言されたとおりの位置に海王星が発見された話は有名です。それは、ニュートンの万有引力理論の偉大な成果であったといえましょう。

しかし、ニュートンの万有引力で説明できない謎の天体現象が一つありました。それは、水星の近日点移動と呼ばれる現象でした。水星（太陽にいちばん近い惑星）が、太陽の周囲を一公転する間に、太陽にいちばん接近する位置が、一公転ごとに少しずつ移動する現象です。

それでは、ニュートンの万有引力理論と、アインシュタインのものと、本質的にどう違うのでしょうか。

ニュートンの理論は、二物体間に万有引力が無限の速さで伝わると考えます。これを、力の直達説（ちょくたつせつ）といいます(2)。ニュートンも、じつは、この考え方には疑問をもっていました。しかし、彼は、自分はただ神の作った法則を見いだすだけで、それ以上のことは神に属することで、自分の考えることではない、と信じていたのです。

これに対し、アインシュタインの万有引力は、二物体間に作用するのに時間がかかります。というのは、万有引力は空間の曲がりだからです。空間の曲がりは、伝わるのに時間がかかるからです。そして、その広がる速度が、光速度にひとしいと考えられています。これが万有引力の伝わる速さです。この考え方を、力の媒達説（ばいたつせつ）と呼びます。

さて直達説によると、惑星が太陽の周囲をまわっていても、または、まわらずに静止していても、そういう惑星の運動には関係なく、太陽と惑星間に作用する万有引力の強さは、ただ二物体間の距離のみできまるのです。

ところが、媒達説によると、空間の曲がりの伝わりに時間がかかるので、万有引力の強さは、二物体間の距離のみではきまらずに、二物体間の相対速度（一方に対する相手の速度）が影響してきます[3]。したがって、ニュートンの万有引力で計算した水星の公転軌道と、アインシュタインのもので計算した水星の公転軌道は、少し違います。そして、その違いとは、ニュートンの理論によれば、水星の近日点は移動しないが、アインシュタインの理論では移動するということです。水星に限らず、すべての惑星の近日点は移動しています。それなのに、なぜ水星の場合だけ問題になったのでしょうか。それは近日点の移動は、太陽にもっとも近い、言いかえれば、太陽の万有引力のもっとも強い場所にいる水星にいちばんあらわれるのです。

水星の近日点移動は、ニュートンの万有引力よりも、アインシュタインのもののほうが正しいことを示しました。また、アインシュタインの理論の正しいことは、万有引力場で、光の進路が曲げられる現象からも、実証されています。太陽の近くを通過する星の光が、太陽の万有引力で、少し曲げられることが観測されています。これは、太陽付近の空間が、局所的に強く曲げられているからだと解釈されます。

ここで、一つ注意しておきたいことがあります。それは、まえに述べた、宇宙空間が、観測の結果曲がっていなかったことと、この万有引力によって、空間が曲げられていることと、矛盾しないかという問題についてです。これは矛盾しないのです。太陽および星の周囲の空間が、局所的に曲がっていても、宇宙全体の空間は、アインシュタインの考えたように、かならずしも曲がる必要はないのです。

たとえば、一枚の平面のトタン板を考えましょう。この板を金づちでたたいて、ところどころ部分的に曲げることができます。ところが、板全体は曲げずにおくこともできるし、円筒状に曲げることもできます。星の周囲の空間の局所的な曲がりが集まって、宇宙空間が、全体としてプラスに曲げられているという、前述のアインシュタインの宇宙論には、一般相対性理論以外に、ある仮定がふくまれているのです。したがって、実測の結果、前述のように宇宙空間が全体として、見える範囲内でプラスに曲がっていなくても、そのことは、一般相対性理論とは矛盾しないのです。

1階に住む人は、4階の人より長生きする

つぎに万有引力による時間の遅れについて、見てみましょう。万有引力が強いほど時間の遅れがいちじるしくなるはずです。これは、まえに述べたメスバウエルの時間測定法ではかることができます。ここでは、地球引力場における測定について、述べておきましょう。

アパート住まいは１階にかぎる――地球の引力の影響で、上に行くほど、時間が早く進む

たとえば、ビルの4階におけるよりも、1階におけるほうが、地球引力の強さは、ごくわずかに大きいのです。したがって、アインシュタインの理論によれば、4階における時間の進み方が、1階におけるよりも、地球引力が小さいだけに、ごくわずかに早いはずです。そこで、メスバウエルの方法で、この4階と1階の時間の進みの違いを測定すると、じっさいに、時間の進みの違いが起こっていることが、あきらかになりました。したがって、4階の住人よりも、1階の住人のほうが長生きするはずです。しかし、その長生きする時間は、どんな時計でも測れないほどわずかです。すなわち、4階で1秒経過したときに、1階では、1秒よりも1000万分の1秒の、そのまた1000万分の1程度少なく経過しているにすぎません。

もし、私たちの寿命が、1000万分の1秒の、そのまた1000万分の1ぐらいであるとすると、この時間の進みの違う話も、生活上ひじょうに重要なものになったでしょう。ところが、平均寿命70年の私たちには、なんの影響もない話です。

しかし、この事実は、従来の物理学的常識を根底からくつがえすという点に、大きな意味があります。すなわち、アインシュタインは、相対性理論をとおして、私たちの思想改革をしたのです。それは、天皇制が民主主義にかわった程度の改革ではないのです。彼は、私たちが公理であるとさえ信じていたことも、かえうるものであることを、じっさいに示したのです。言いかえれば、たんなる主義の改革ではなく、私たちの思考作用のいちばん基礎になるものを、改革したのです。人間の歴史において、これほど大きな、精神的改革はほかにないでしょう。

そのために、アインシュタイン以後の物理学者の頭は、石頭ではなく、きわめて柔軟なものとなりました。それに関連して思いだされるのは、日本で、相対性理論の研究でもっとも有名だった故石原純博士のことです。博士は柔軟な頭の人で、かつロマンチストでした。それは博士の有名な恋愛事件からも推察されます。私の学生時代には、博士は老年にもかかわらず、青年のように社交ダンスに興ぜられている光景に、たびたび出会ったものです。私が物理学に興味をもちはじめた動機は、少年時代に読んだ、その石原博士の書いた相対性理論の通俗的解説書でした。内容はよく理解できませんでした。しかし、その理論のもつ神秘性のようなものが、私の心を強く刺激したことを憶(おぼ)えています。

いっぽう、東京文理科大学（現教育大(4)）の故土井不曇(どいふどん)教授のように、その研究生活の大部分を、相対性理論の否定にささげた人もいます。私も理化学研究所の講演会で、同博士の相対性理論否定の講演を、たびたび聞かされました。外国の物理学者の中にも、相対性理論を否定した人がいます。しかし、アインシュタインの偉大な思想は、相対性理論とともに、現代物理学の基礎になる思想となったのです。

4 宇宙の神秘

浦島太郎より孤独な人たち

準光速度ロケットで飛ぶと、ロケット内の50年間に、地上から見て2500光年の距離を飛ぶことができる、とまえに述べました。ところで、この話は、等速度運動の場合について、考えてみたものです。物理学でいう等速度運動は、運動の速さと方向が一定という意味ですから、このロケットの話は、ロケットが一直線に飛んでいる場合に起こると考えられることとです。では、ロケットが方向転換して地球にもどってきたら、どうなるでしょうか。ロケットの乗組員は、地上の人ほどに年をとっていないでしょうか、それとも、地上の人とまったく同じように年をとっているでしょうか。

これとよく似た問題を、アインシュタインは、彼の「時計のパラドックス」と呼ばれる論文で、論じています。その論文から判断すると、準光速度ロケットで宇宙旅行をして、ふたたび地上にもどってくると、乗組員の寿命は、じっさいに地上にいる場合よりものびるということが起こります。したがって、乗組員は現代浦島太郎になるのです。むかし、カメに乗せられて竜宮に行った浦島太郎は、楽しい何日かを、そこで過ごしたあとで、家路につきました。しかし、家に帰って彼が発見したものは、何百年も経過した変わった世界でした。ところが、これと同じようなことを、準光速度ロケットで宇宙旅行をしてきた乗組員は、経験すると考えられます。では、ここで、準光速度ロケットの乗組員が、どのような経験をするか、想像してみましょう。

　未来のある日、数人のパイロットと科学者を乗せた準光速度宇宙ロケットが、地球から天の川探検の宇宙旅行の壮途につきました。

　彼らは、彼らの測定するロケット内の6カ月で、銀河系の中心に到達する予定でした。そのためには、かりに、地球から銀河系中心まで等速度で飛ぶとして、宇宙ロケットの速度は光速度の0・99999999995倍ぐらいにしなければなりません。彼らはその途中で、種々さまざまな年齢の星の写真を写すことができました。

　赤色巨星とよばれる星は、赤く光り、太陽の100万倍の体積にふくれ上がっていました。白色矮星(わいせい)と呼ばれる星は、地球ぐらいの大きさで白紫色に輝き、その引力は、地球引力の数千倍もあることがわかりました。また、赤色の渦巻き状の尾を引いて回転している二重星、青いリングを持った土星のような青色星なども見ました。彼らにとってもっとも恐ろしい存在は、中性子だけでできている中性子星でした。せいぜい直径が20キロぐらいの赤く光る星ですが、ひじょうに警戒を要するものでした。というのは、ロケットがもし、それに接近すると、ロケットは、その星の強力な引力で、吸いこまれてしまうからです⑤。

うっかり宇宙旅行に出かけると、浦島太郎になります

ロケットは、ついに、そのもっとも恐ろしい存在を発見しました。その中性子星の表面における引力は、じっに、地球引力の2000億倍と推定されるものでした。その引力圏内にはいるまえに、ロケットは急いで方向転換しました。このような観測を続けながら、銀河系の中心まで行ったロケットは、そこで、ゆるやかな方向転換をして帰途につき、数々の発見を土産にして無事に地球にかえることができました。

しかし、地球上で彼らが見たものは、廃墟の町でした。人間の姿は、どこにも発見されませんでした。彼らは、零下100度に近い極寒(ごっかん)と、ひじょうに伝染性の強い奇怪なビールスの攻撃と戦わねばなりませんでした。地球上では、彼らが出発してから、数万年の時が経過しているようでした。数日後、地球上における最後の人類である彼らの姿は、どこにも見られませんでした。ただ、あとには人類最高の発明である準光速度宇宙ロケットだけが立っていました。

厚さ1メートルの鉛の壁をぶちぬく水素原子

準光速度ロケットの乗組員の経験は、以上のようなものだと想像できます。ところで、現在の私たちがもっている科学技術では、「時計のパラドックス」に書いてあることは、準光速度ロケットによるじっさいの宇宙旅行によって実証することはできません。それは準光速度ロケットを作れる技術的可能性がないと断言できるからなのです。理論的には、準光速度ロケットを作ることができます。というのは、宇宙線の中には準光速度で飛ぶ素粒子があるからです。物体は、究極的には、素粒子でできているものです。素粒子が、準光速度で飛べるなら、理論的には、準光速度で飛ぶロケットが作れると考えることができます。しかし、技術的にはひじょうに困難とみられるいろいろな問題があるのです。そのうち、もっとも致命的なものは、つぎの二点です。

ロケットを光速度の99パーセントの速度まで加速することは、原子力を推力として使えば、技術的に可能であると考えられます。そう考える理由は、つぎのとおりです。

地上で物体を落下させると、その落下速度が、物体の重さに関係せずに、毎秒、秒速980センチずつ速くなります。この加速度の大きさを、いっぱんにgという記号で表わしています。ロケットを1年間連続的にgの加速度で加速すると、ロケットの速度は1年後に、光速度の99パーセントになります。このくらいまでは、質量の大きな増加はありません。2、3倍になるだけです。しかし、この本で、準光速度と言ってきたのは、この程度よりも速度の速い場合のことです。ところが、これ以上の速度のときに起こるロケットの質量増加に打ち勝って、ロケットを加速するのに必要な推力は、原子力では不十分です。しかし現在、私たちは、原子力以上に強力な推力を発生させる方法を知りません。これが、第一の困難です。

第二の困難は、つぎのようなものです。宇宙空間には、きわめて少量ですが、星間物質である水素原子が存在しています。その数は、1立方センチにつき、1個ぐらいです。ところが、そのきわめて微量である、宇宙空間内の水素原子が、パイロットの生命に致命的な存在となります。それは、宇宙空間を準光速度でロケットが飛べば、その水素原子が、準光速度でロケットの壁に衝突することになるからです。このような準光速度で飛来する水素原子は、要するに、一種の放射線です。

ロケットの速度が、光速度の99パーセントのときなら、この放射線は、厚さ1メートルの鉛の壁で大部分が防げます。しかし、光速度の99パーセント以上の速さになる

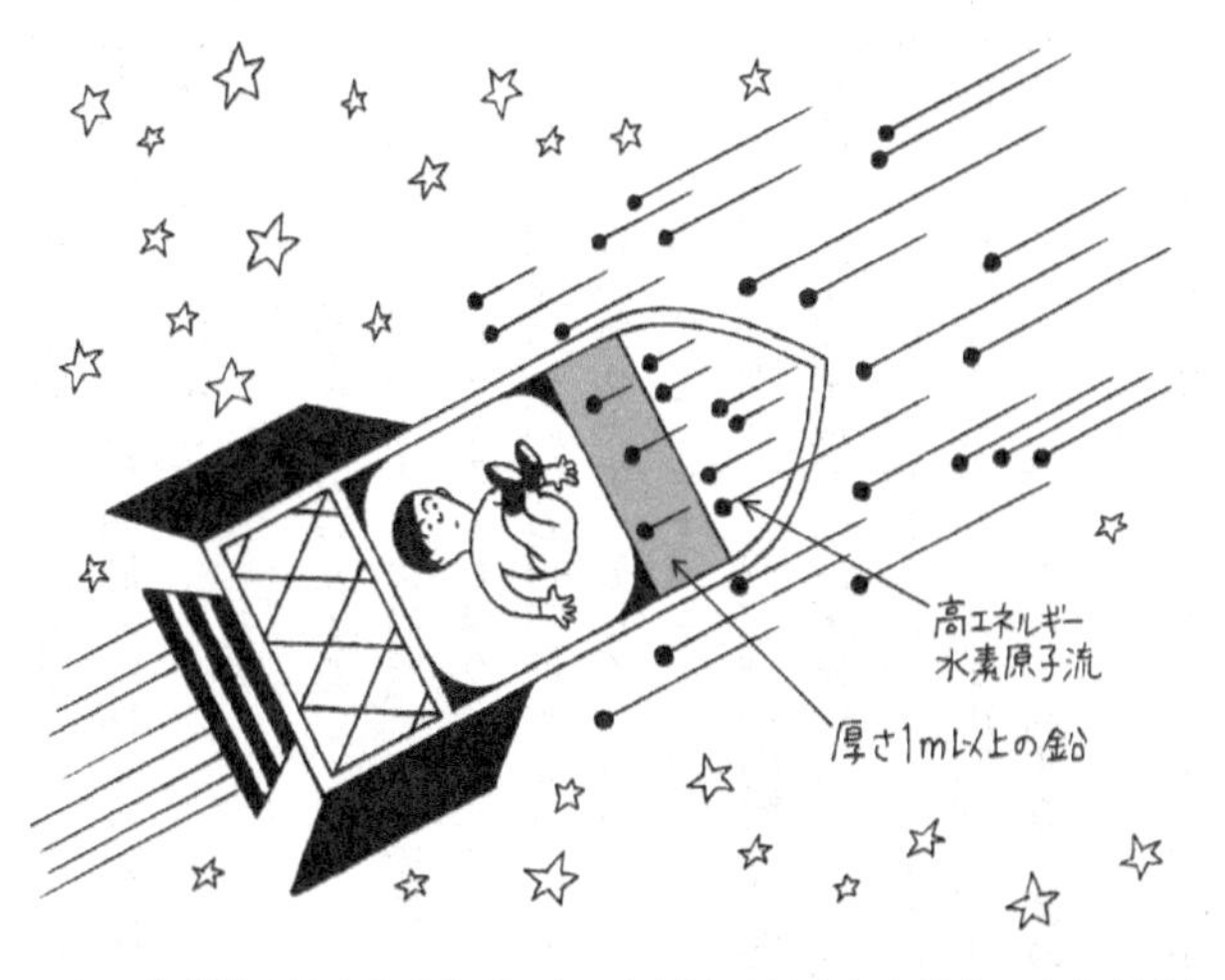

ロケットが光の速度の99パーセント以上の速さになると、宇宙空間をさまよう水素原子が、厚さ１メートルの鉛の壁でも防げない放射線になる

と、それは、厚さ1メートルの鉛で作った防壁を容易に貫通するほど強力なものとなります。この放射線からパイロットの生命を守る方法が見いだされないかぎり、第二の困難も致命的なものです。

以上は準光速度ロケットの技術的可能性の話です。しかし、そういうものが、実際上に作られなくても、前述のように、実験室内でメスバウエルの方法により、加速度運動をしている物体内の時間の遅れを調べることができます。その方法で、最近アメリカで行なわれた実験は、まだ、いくらか疑問の点が残っていますが、だいたい、「時計のパラドックス」が正しいことを示しています。ですから、いま述べた現代浦島太郎物語は技術的な困難を考えなければ、十分科学的根拠のあるものといえます。

宇宙には、高等生物が存在する

宇宙旅行の話が出ましたので、ついでに、宇宙人は存在するかしないか、という問題について、考えてみましょう。それについて思いだすのは、空飛ぶ円盤の話です。

空飛ぶ円盤は、高度の科学技術をもった他の天体から飛来する宇宙人の宇宙船だ、という空想があります。そして、さらに、この空想には、多数のデマが付随して、話をおもしろくしています。そこで、アメリカ軍の未確認飛行物体（U・F・Oと略称します）研究計画は、この空飛ぶ円盤の問題を科学的に検討しました。そして、7000件におよぶ空飛ぶ円盤実見報告書を詳細に科学的に調査しましたが、空飛ぶ円盤が実在する証拠が得られなかった、といわれています。しかし、太陽系を脱出して、銀河系を横断するくらいの大宇宙旅行も、すでに説明したように、原理的には可能なのです。それで、空飛ぶ円盤に関するつぎのような空想も、頭から否定してしまうことはできません。

その空想は、私たちのものよりも、はるかに高度の科学技術を持つ宇宙人が現存しているとしたら、彼らは準光速度ロケットを、すでに完成しているかもしれない。過去において、それを運転して、地球周辺まで飛来しているかもしれない、というものです。つまり、空飛ぶ円盤は宇宙人の作った準光速度ロケットかもしれないというわけです。しかしこれは、あくまでたんなる空想です。ここでは、そのような空想を発展させるよりも、宇宙人の存否について、科学者の意見を聞いておくことにしましょう。

宇宙における星は、だいたい2種類に分けられます。一つは二重星、他は単独に存在するものです。二重星とは、双子太陽のようなものです。接近した二つの太陽が、たがいに相手の周囲をまわっているのです。全部の星の約40パーセントがこれに属します(6)。そして、残りの約60パーセントが単独に存在する星です。この単独に存在する星の中の約60パーセントが、私たちの太陽のように、惑星を伴っています。そして、そのような星の数は、銀河系内だけで、約500億個ぐらいあります。また、観測できる宇宙内には、この種類の星が、約100億の100億倍個もあります(7)。

これだけ多くの星が、太陽のように惑星を伴っているのです。しかも、そのそれぞれの星が、数個の惑星をつれています。したがって、銀河系内の惑星の数は、500億個の数倍にもなります。それで、これだけ多くの惑星中には、地球とひじょうによく似た惑星がある可能性があります(8)。もし、そのなかに、地球とよく似た惑星が存在したとすれば、そこにも高等生物が発生するでしょうか？　これについて、科学者はその可能性を信じているのです。その根拠は、つぎのようなものです。

生命の起源は放射線か

地球の初期の空気は、アンモニヤ、メタン、水素、水蒸気であったと考えられています。そこで、そのような空気を人工的に作って、それに、放射性元素から出ている放射線を、長期間照射します。それは、太陽からは光だけでなく、だいたい放射性元素からの放射線と同じ作用をする電子、陽子、ガンマ線などの放射線が地球にふりそそいでいるからです。そのあとで、その空気を化学分析すると、その空気中に種々の有機化合物ができているのです。とくに、生物体を作っているタンパク質の素材になる、アミノ酸もできているのです。

このように放射線は、種々の高分子有機化合物を作る作用があります。このことから、長年月間には、偶然のチャンスで、生命を持つ有機化合物が作られることがあると考えることができます。どのような有機化合物が生命を持つかということは、現在、よくわかっていません。もし、それがわかれば、生物を人工的に作ることができるわけです[9]。

いずれにしても、この実験事実にもとづいて、科学者は、つぎのように考えています。

「地球のような空気をもち、約50億年間、１００度より低く零度より高い温度範囲にあり、自己が所属する太陽から放射線をうけている惑星が存在すれば、そこには高等生物が発生しているはずである」

それでは、そのように発生するかもしれない生物中には、人間ほど知的レベルの高いものが現存しているでしょうか？　科学者は、これに対する決定的な答えは用意していません。しかし惑星の数がひじょうに多いのですから、その中のどれかに、きわめてまれなことも起こりうる可能性は十分にあると信じられます。５００億個の数倍にのぼる銀河系惑星中の、少なくとも一つには、私たちのような高等生物が発生している可能性は十分にあるのです。

ただ、この場合、現在、宇宙人が生存しているかどうかが問題です。宇宙的時間スケールからみると、地球人の存在期間は、一瞬間にもひとしいものです。宇宙人についても、同様なことがいえます。とくに高度の文明をもつ期間は短いものなのです。ですから、私たち人類の生存期間と、宇宙人の生存期間が一致する可能性は、ごくまれであると考えられます。

宇宙人の発信する電波を探るアメリカのオズマ計画

現在、アメリカに、オズマ計画と呼ばれる興味ある計画があります。それは、宇宙人の存在を調べようというものです。そのため、この計画に対して、あまりに空想的すぎるという批判もあるようです。オズマ計画の方法は、太陽系外の星から来る電波に、宇宙人によって作られた人工電波が混入しているかどうかを調べる方法です。

星の表面や、宇宙空間のところどころで、電波が発生し、それが地球にとどいています。その天体現象で発生する電波と、人工電波は、その電気的性質が違っています。その違いは、天体電波は、ほとんど連続的に違った波長の電波の集まりであるのに、人工電波は、特定の波長の電波であるというものです。そこで、地球に来ている天体電波に、人工電波が少し混入していても、天文学者は、それを検知することができるのです。

むかしの天文学は、もっぱら、星から来る光を望遠鏡でキャッチし、宇宙の構造を研究しました。ところが、最近の電子工学（エレクトロニクス）の進歩により、天文学者は、宇宙から来るかすかな電波を、巨大な放物面状のアンテナでとらえて、光では知ることのできなかった宇宙の構造の研究が、可能になりました。この電波をとらえる装置を、電波望遠鏡といいます。現存する最大の電波望遠鏡は、10光年遠方からの人工電波を受信できます[10]。

そこで、もし、地球から10光年以内にある惑星から、人工電波が発信されていたら、それを、地上にある私たちの電波望遠鏡でキャッチできるはずです。このさい、宇宙人が、故意に地球に向けて、人工電波を発信していなくても、宇宙人の使用している人工電波は、宇宙空間にもれ出て、地球にも来ているはずです。

しかし、現在のところ、オズマ計画の観測によると、10光年以内の惑星から、宇宙人の人工電波は、地球に来ていないようです。しかし、将来、現在のものよりも大きい電波望遠鏡が作られて、１００光年以内の惑星からの、宇宙人による人工電波を、キャッチできるようになったら、惑星からの宇宙人による人工電波を発見できるかもしれないでしょう。

宇宙人の存在は、宇宙に関する空想のうちで、もっともファンタスティクです。もし宇宙人の存在が科学的に実証できれば、私たちの人生観、世界観までも変えうる大発見でしょう(11)。

【監修者注】

（1）現代では、「等価原理」と呼ばれています。

（2）「直達説」は、無限遠まで即座に力が伝わるという意味で「遠隔作用説」と呼ばれることもあります。「媒達説」は「近接作用説」と呼ばれることもあります。

（3）ニュートンの万有引力は強さが距離の二乗に反比例しますが、一般相対性理論ではこの法則から少しずれます。このずれが近日点移動の原因となるという説明の方がより一般的です。
（4）閉学されており、現在は存在しません。
（5）星の色はおよそ温度で決まります。ここで紹介された白色矮星や中性子星の色はあくまで可能性の一つです。
（6）現代では、互いのまわりを周る星のペアのことを「連星（れんせい）」と呼びます。連星の割合はまだ確定していませんが、およそ数十パーセント程度と考えられています。なお、「二重星」は天球上でごく近くに存在する二つの星のことで、連星とは限りません。
（7）２０１９年の時点で数千個の系外惑星が見つかっていますが、惑星の総数や惑星を持つ星の割合などはまだはっきりとわかっていません。
（8）地球と同じタイプの惑星も既に発見されています。
（9）アミノ酸の材料となりえる物質が宇宙空間で発見されていますが、その形成メカニズムは未解明です。
（10）天体起源であれば、１３１億光年遠方からの電波の検出に成功しています。
（11）１９６０年に実施されたオズマ計画に引き続き、地球外生命を探すプロジェクトがいくつも実施されました。これらをまとめて「ＳＥＴＩ（セティ）」と呼んでいますが、地球外生命からのシグナルの受信には成功していません。

第六章

物質世界の果てを求めて

1 電子顕微鏡でも見えないものを、知る方法

物質の究極には、なにがあるか

人類は、その歴史の始まりから現在まで、すべての自然現象を統一的に説明することのできる究極的な何物か、言いかえれば、素原物質を探求してきました。すでに、紀元前6世紀に、ターレスが「水はあらゆる物の物質的原因である」と言っています。それから、約2500年の長い探求の歴史をへて、ついに人類は、素粒子にまで到達したのです。素粒子として、この本ではすでに電子、陽子、中性子、光子、ニュートリノ、パイ中間子、ミュー中間子などを紹介してきました。ところで、こういった素粒子が、はたして人類が求めていた素原物質なのでしょうか。素粒子は、ほんとうに、極微の世界の果てなのでしょうか。素粒子のもう一歩奥底に、まだ何物かが存在するのではないでしょうか。それをあきらかにするために、素粒子の構造と性質について、物理学者の研究が進められています。この問題について、現在までにどんなことがあきらかになっているかについて、見ていくことにしましょう。

まず、物質構成員として重要な存在である陽子と中性子をとりあげることにします。この二つの素粒子は原子核を構成しています。まえにも述べたように、原子番号にひ

としい数の陽子と、それにほぼひとしい数の中性子が結合して、原子核は作られているのです。それで、陽子と中性子は、核の構成員であるという意味で、核子と呼ばれています。

ところで、原子核の大きさは、約1兆分の1ミリといわれています。そして、その存在は現在のもっとも分解能の高い電子顕微鏡でも見ることはできません(1)。では、そのように、電子顕微鏡でも見ることのできない小さな原子核の構造と性質を、どういう方法で知ることができるのでしょうか。

その方法を大別すると、二とおりになります。それらは、弾性衝突という現象を利用する方法と、非弾性衝突という現象を利用する方法です。

たとえば、ふつう物を見るということは、光子が、その物体の表面にあたって、はねかえってくる現象を目で見ることです。このように、衝突にさいして、物体の内部に変化の起こらない場合を、弾性衝突といいます。電子顕微鏡で見るのも、この現象を見ているわけです。ところで、つぎに説明するように、電子顕微鏡でも見ることのできない極微の世界を見る場合にも、この現象を利用することができます。

これに対して、非弾性衝突は、物体が衝突のために内部変化をおこすような現象です。たとえば、化学反応は、分子と分子の非弾性衝突です。また、星の中心部で起こっている水素融合反応は、陽子と陽子の非弾性衝突です。極微の世界を知るもう一つの方法は、あとで説明するように、この現象を利用するのです。まず弾性衝突による方法について、見てみましょう。

電子顕微鏡などの実験技術の発達していなかった1919年に、すでにイギリスの物理学者ラザフォードは、この弾性衝突を利用する方法により、原子核の存在と大きさを実験的にたしかめています。その後、物理学者は、ラザフォードの行なった方法をさらに発展させて、ついに核子の内部構造まで知ることができるようになりました。まず、その方法の原理を、説明しておきましょう。

ミス・インターナショナルを、電子計算機で決める

1962年、アメリカのロングビーチのミス・インターナショナル・コンテストで第一位になったオーストラリアのタニア・バースタク嬢は、身長168センチ、バスト91センチ、ウェスト58センチ、ヒップ91センチと新聞に発表されました。建物、機械などの大きさ、重さなどを数字で表わすのにふしぎはありませんが、もっとも視覚に訴えるはずの美人の容姿を、その体の一部分ではあるが、数字で表現するアイデアは愉快なものです。将来、この方法をさらに発展させていくと、美人コンテストの審査を、機械がするようになるかもしれません。

そのコンテスト風景は、およそつぎのようなものでしょう。まず、応募者は、ひとりずつ機械の前に立ちます。機械は、顔および体の寸法を、立体的に、詳細に、数秒以内に測定し、記録してしまいます。これらの測定データは、自動的に、ただちに電子計算機にかけられていきます。電子計算機は、もし、人間が計算すれば、１００年ぐらいかかる大量、かつ困難な計算を、数秒以内に完了します。そして、その測定の結果は、自動的にタイプされて、すぐ発表されるのです。もちろん、測定データから各応募者の得点数を算出するためには、ある方程式が必要です。

いくら機械化されても、その方程式だけは、コンテスト審査委員会の意見に従って、数学者が作成しなければならないものです。その方程式は、どういう容姿を１００点とし、どういう容姿を60点とするかなどという、審査委員会の美の標準を数学的に表現したものになります。そして、コンテストの場合、電子計算機操作員は、電子計算機に対し、その方程式に従って、与えられた測定データから得点を算出することを命令しなければなりません。このような方法を採用すれば、もっとも視覚に訴える美人コンテストが、現代の科学技術の応用により、もっとも正確に、かつ完全に行なわれるようになりましょう。

ラザフォード以後の物理学者が、原子以下の極微の世界の構造を知る方法は、高分解能電子顕微鏡で見る方法ではなく、このような数学的方法なのです。たとえば、原子について調べる場合は、つぎのようにして行ないます。

まず、見ようとする原子をふくんだ物体に、ひじょうに波長の短い光を照射します。そうすると、その光は、物質の中にはいり、そこで、種々な力、たとえば電気力などの作用を受けて、反射して出てきます。したがって、この反射光線は、物体の内部構造を語る物理的要素をふくんでいるはずです。その要素を、機械が検出して、それを数字で表現するのです。物理学者は、その数字（データ）を、大きさ、内部の密度などのような、原子の構造を示す数値にかえるために、電子計算機にかけるのです。

そのときに、あらかじめ電子計算機に、計算のしかたを示す演算方程式を与える必要があります。その方程式は物理学の理論から、誘導されたものです。こうして物体を直接的に撮影して像を見る代わりに、種々な測定値から計算によって像をみちびきだすことができるのです。この方法によって物理学者は、固体内における原子の配列状態、分子内の原子配置図、原子核の大きさ、さらに進んで、あとで説明するように、原子核の構成要素である陽子、中性子の内部構造まで、知ることができたのです。そして、この方法は、極微の世界を知る最上の方法として、今後、さらに発展していくものと考えられます。

テレビの中にも電子加速装置がある

ところで、この方法を実施する場合に、ひじょうに重要なことが一つあります。それは、顕微鏡の分解能のところで話したことと同じことが、この方法の場合にも、あてはまるのです。すなわち、物体を照らす光の波長が、見ようとする物の大きさよりも小さい（短い）ことが、ぜったいに必要なのです。

原子程度の大きさのものを調べる場合には、エックス光線を使用すれば十分です。しかし、原子核程度のものを見る場合には、ひじょうに波長の短い波が必要になります。その波として電子波がよく用いられています。すでに説明したように、ド・ブローイの物質波の理論によると、波長の短い波は、エネルギーの高い粒子に付随しています。したがって、波長の短い電子波を作るためには、電子のエネルギーを高くしなければなりません。それには電子を加速すればよいのです。すべての粒子の運動エネルギーは、その粒子の速度の自乗に比例して大きくなるからです。

では、電子は、どのようにして加速することができるのでしょうか。その加速の原理は、電子が電気を持っていることを利用するのです。私たちの身近なところに、この電子加速装置がありますので、それを取りあげて説明しましょう。それは、テレビのブラウン管の根元の細い部分についている電子銃と呼ばれている装置です。これは、じつはかんたんな電子加速装置なのです。電子銃は二つの部分より成っています。その一つはフィラメント（電流の流れる細い線）であり、他は金属円筒です。この二つは、１センチぐらい離れてセットされています。そして、フィラメントは直流電源の陰極に、円筒は陽極に連結されて、両者の間に、1万5000ボルトぐらいの電圧がかけられています。電流が通じて赤熱されたフィラメントからは、多数の電子が飛びだしてきます。その電子は、熱電子と呼ばれています。熱電子は、フィラメント中の電子ガスが、熱エネルギーを得て、金属外へ出てきたものです。

注　電子は1種類です。光電子とか、熱電子というのは、ただ、その発生原因を示すためにつけられた名まえです。

この熱電子自体の速度は、おそいものです。しかし、熱電子は陰電気を持っていますから、陽極に向かってたやすく吸引されます。そして、陽極に向かって加速度運動をするのです。熱電子が陽極に達したときは、光速度の約20パーセントの速度に達しています。この加速された熱電子は、ごく一部分は、陽極に吸着されますが、大部分は、陽極の円筒内を素通りして、反対側に飛びだすのです。それは、電場の中で電子の進む道は、電気力の作用する方向——電力線——に沿っているからです。ここでは、その電力線の大部分が円筒の中を通りぬけているのです。電子銃という名は、電子の飛びだすようすが、銃身から弾丸が発射されるのに似ているところからつけられたものです。

長さ2マイルの機械で、極微の素粒子を調べる

電子をさらに高速度に加速する方法も、原理的には電子銃の方法と同じです。電子銃で加速する方法を、同じ電子に何回もくりかえすだけなのです。くりかえす回数を多くすればするほど、電子は高エネルギーに加速されていきます。この電子を何回となく加速する装置は、いわば、多段電子銃ともいうべきもので、いっぱんに、線型加速器（リニアック）と呼ばれています。

この方法で、電子の速度を、光速度の90パーセントぐらいまで加速するには、それほど大きな装置を必要としません。しかし、その程度の速度では、波長が長すぎて、原子核を見ることができないのです。そこで、原子核を見るためには、電子の速度を光速度にひじょうに接近させる必要があります。ところが、そのとき、電子の質量が増加してきます。この質量の増加した電子を加速するためには、ひじょうに大きなエネルギーが必要になってきます。それで、ひじょうに巨大な電子加速装置が必置になってきます。しかし、線型加速器が直線状に長くのびると、場所をとり、それの製作費も高価になります。そこで、電子を円型軌道にしたがって加速する装置が作られました。これは、磁場が電子の軌道を曲げる作用を利用したものです。これを電子シンクロトロンと呼んでいます。

現在、この円型加速装置が、もっとも多く採用されています。最近、日本でも、東京大学の原子核研究所(2)で、この方式の電子加速装置が完成しました。それによって、10億電子ボルトの高エネルギー電子流を得ることができるようになりました。現在、完成している世界一の強力な電子加速装置は、アメリカのマサチューセッツ工科大学と、ハーバード大学の共同計画によって作られたものです。その装置は直径80メートルもあるもので、60億電子ボルトの高エネルギー電子流を作ることができるということです。この60億電子ボルトの電子の速度は、光速度の0・999999996倍に達します。また、その電子の質量は、静止しているときの1万2000倍の重さにもなります。

この装置で電子を加速する場合は、まず電子を電子銃の場合と同様にして作り、線型加速器で予備的に2500万電子ボルトにまで加速します。このとき電子の速度は、すでに光速度の0・9998倍になっています。つぎに、この電子は、誘導パイプにより、円周が228メートルもあるリング状の高真空パイプ中に投入されます。投入された電子は、パイプ中を、パイプの壁につきあたることなく、円運動をします。その円運動をうまくさせるために、パイプの全円周に沿って、多数の電磁石が配列されています。そして、この円運動している電子を加速するために、パイプに沿って、全部で十六個の高周波加速装置があります。この加速装置は、電子を加速するために、高電圧を電子に作用するしくみになっています。そして、電子がパイプ中を1周すると、16カ所で加速されて、60万電子ボルトのエネルギーを得るのです。こうして、電子がパイプ中を1万周したとき、60億電子ボルトのエネルギーを持つようになるわけです[3]。

ところで、この電子シンクロトロンには、一つの欠点があります。というのは、この装置の中で、電子は円運動をしています。円運動というのは、円の中心に向かってする加速度運動です。加速度運動をする粒子は、すでに何回も説明したように、シンクロトロン放射線を出します。そのため、電子の加速能率が下がるのです。シンクロトロン放射線の名は、このシンクロトロンから起こったものです。

そこで、この欠点をさけるために、アメリカのスタンフォード大学では、電子シンクロトロンのかわりに、長さが、じつに2マイル（約3800メートル）もある線型電子加速器を作っています。その装置は、200億電子ボルトの高エネルギー電子流を発生さすことができるよう設計されています。この装置では、電子は、高真空に保たれた長さが2マイルのパイプ中を走ります。パイプ中の電子は、パイプに沿って高周波電磁波が流されており、電子はその電磁波に乗って流されて行き、パイプの出口に達したとき、200億電子ボルトのエネルギーを持つようになっています。パイプ中の電子は、波に乗って走るボートのように、電磁波の波に乗って走り、加速されるます。

のです。したがって、この方法は、電子銃の場合の加速方法と少し違っているといえます。

200億電子ボルトの電子の速度は、光速度の0・9999999996倍に達します。そして、この電子波の波長は、じつに、約10兆分の1ミリという短いものになります。そして、その大きさは、陽子および中性子の大きさの約10分の1にあたります。したがって、この電子波を用いて、とうぜん、陽子などの内部構造を知ることができるわけです。陽子、中性子は、原子核を構成する基礎的な素粒子と考えられています。その素粒子の内部構造を、じっさいに測定することができるようになったということは、一つの大きな驚異です。

天文学者は、宇宙の果てからくるかすかな光をキャッチしようとして、巨大な望遠鏡を作ることに熱中しています。このことは、常識的にもわかりやすいことです。しかし、原子物理学者が、かぎりなく小さい物を見ようとして、かぎりなく巨大な装置を作ることに没頭しているのは、たいへんおもしろいことではありませんか④。

2 極微の世界に巨大な力がある

湯川博士の予言は適中した

では、高エネルギー電子を使って、陽子や中性子の内部を見たら、どんなことがわかったでしょうか。この方法によって、スタンフォード大学の物理学者ホフスタッターが、１９５６年から61年にかけて、一連の実験を行ないました。そして、陽子と中性子の内部の電気的構造をあきらかにしました。彼は、その功績に対して、１９６１年度ノーベル物理学賞を与えられています。彼の決定した陽子と中性子の内部構造は、つぎのようなものです。

陽子と中性子は、それぞれ一つの芯（しん）と、その芯をとりまく雲から成っている。雲は球形で、その半径が約１兆分の14ミリ（14×10^{-13}ミリ）である。そのうち、芯の半径は、雲の半径の約３分の１以下である。そして、その芯は陽子、中性子ともに、密度の高い陽電気のかたまりである。ところが、これをとりまいている雲は、陽子と中性子で違っている。陽子の雲は、陽電気がうすく分布した雲であり、いっぽう、中性子の雲は、内側に陰電気、外側に陽電気が分布した雲である。そして、中性子については、芯の陽電気と、雲の中にある陰電気と陽電気の総和がゼロになっている。したがって、中性子は、その名のように、外観的には電気的中性である。

それでは、陽子と中性子の芯は、なにを表わし、その芯をとりまく雲は、なにを表わしているのでしょうか？　芯のほうは、その本体がよくわかっていませんが、外周の雲は、湯川理論によると、パイ中間子によって作られていると解釈されます。中間子という名は、その質量が電子と陽子の質量の中間にあることを意味しています。雲の中でのパイ中間子の運動は、湯川理論によりますと、芯からパイ中間子が飛びだしたり、飛びこんだりしているのです。そして、飛び出したり、飛びこんだりするのに必要な時間は、ひじょうに短く、10兆分の1の、そのまた100億分の1秒（10^{-23}秒）という、想像もできない短い時間です。その雲の中には、芯から飛び出したパイ中間子が、つねに2個ほど存在すると考えられています。しかし、このところの詳細なことは、よくわかっていません。ここでは、だいたいの話です。そして、雲の中でのパイ中間子の描く軌道は、核外電子と同様に知ることができません[5]。

核子のなかに、このようなパイ中間子が存在することは、すでに湯川秀樹博士によって、理論的に推定されていたのです。この理論に対して湯川博士は、1949年ノーベル物理学賞を授与されました。では、湯川博士は、なぜパイ中間子の存在を理論的に推定したのでしょうか。それまでのいろいろな実験結果から、核子の間に作用している、ある未知の力が存在している、と考えられていました。それは核力というものです。この核力がどうして生じるかを説明するために、湯川博士は、パイ中間子の存在を考えたのです[6]。

原子爆弾のエネルギー源

核力とは、どんなものでしょうか。核力のいちじるしい特徴は、第一に、ひじょうに強い力であることです。この核力の大きさを、ほかの力の大きさと比較してみましょう。たとえば、水蒸気が水になることができるのは、水の分子間に分子力が作用し、水の分子どうしが、たがいにバラバラにならないように引き合うからです。核力は、その分子力の１００億の、そのまた1億倍も強いものです。また陽子と陽子が接触するほど近よると、その間に強い電気的斥力（せき）（反発し合う力）が働きますが、核力はその35倍も強いのです。また、この場合に、二つの陽子間には電気力以外に万有引力が作用しますが、核力は、じつに、その万有引力の10^{40}倍（１００億を4回掛けあわせた数）も強いのです。それで、核子どうしの結合は、強い外力を加えなければくずれません。

核力の第二の特徴は、核子どうしが接触するほど近よらないと作用しない近距離力であることです。それで、一つの原子核内で、核子は、それぞれとなりあった核子とだけ結合しています。一つおいたとなりの核子とは直接的に結合できません。そこまでは核力がとどかないからです。原子核の構造は、多数の核子が、このような強い核力で、たがいに強く結合している核子の集まりであるわけです。そして、核の内部では、核子はたがいに強く引っぱりあった状態で、高速度で飛びまわっています。その個々の核子の運動エネルギーの平均値は、約２５００万電子ボルトもあり、その速度は、光速度の約25パーセントに達しています。

ところで、いま、核の中の一つの核子に注目すると、核子は高速度で飛びまわることによって他の残りの核子の、核力の束縛から脱出しようとしています。全部の個々の核子について、このことが言えます。それで、核の内部の核子の運動状態は、たいへん複雑です。

原子核分裂の起こし方

みなさんのよく知っている原子爆弾は、いままで述べてきた、この核力の性質を利用して核分裂を起こさせるものです。では、核分裂とは、どのようにして起こるのでしょうか。原子核の形は核子間に働く強い核力により、水滴のような球形をしています。これが、ヒョウタン形にくびれて、二つに分裂するのが核分裂です。まず分裂以前の原子核について見てみましょう。球形の原子核内の陽子の分布密度は、外周のほうが内部よりも少し大きくなっています。その理由は、陽子どうしが、その電気的斥力で、なるべくたがいに遠ざかろうとしているからなのです。

その核内の一つの陽子について、考えてみましょう。その陽子は、核内のすべての陽子から、電気的斥力を受けています。したがって、その斥力は、だいたい核内の陽子数に比例して大きくなります。ところが、その陽子に作用している核力は、近距離力であるので、その陽子のとなりの核子からのものだけです。それで陽子間に働く結合力は、すべての陽子からの電気的斥力と、近接した核子からの核力の差です。それで、重い、つまり陽子数の多い原子核ほど、陽子間の結合力が弱くなり、核全体が不安定になるのです。

また、中性子の数も核の安定性に関係してきます。陽子の数と中性子の数がひとしいとき、核はいちばん安定です[7]。また、核子の合計数が偶数のほうが、奇数の場合より安定です。また、その合計数が大きいほど不安定です。これらの要素がかさなりあって、核の安定の程度がきまります。そして、とくに安定度の低い原子核が、ひとたび、ヒョウタン形にくびれると、核力のバランスを失って、二つに分裂するのです。このようなわけで、天然に存在できる原子は、陽子数92のウラニウムまでで、それ以上重い原子は、天然には存在しません。

原子の化学的性質は核内の陽子数できまり、中性子数には無関係です。そうすると、陽子数が同じで、中性子数の違った原子核でできた幾種類かの原子が存在できます。これら原子は、それぞれの化学的性質が同じで質量だけが違います。これらの原子でできた一群の元素を同位元素というのです[8]。同位元素はその原子の質量で区別されます。たとえば、ウラニウム235、ウラニウム238などというふうにです。この数字は水素原子の質量を単位として近似的に表わした、その原子の質量です。天然のウラニウムの大部分はウラニウム238です。しかし、この原子核は、核分裂を起こすには、その不安定の程度が十分でありません。ところが、ウラニウム235の原子核は、それよりいっそう不安定なので、核分裂を起こすには、その原子核を使うのです。

では、原子核を、ヒョウタン形にくびれさせるには、どうしたらよいでしょうか。それには、核を励起状態にして核全体を振動させればよいのです。すでに述べたように、原子核には、その内部の核子の運動状態によって二つの状態があります。それは、核内の全部の核子の運動エネルギーの総体のもっとも低い状態と、それよりも高い状態です。前者を基底状態、後者を励起状態といいます。核は、ふだんは基底状態にあります。この核を、外部から、陽子、中性子などでたたく(照射する)と、それらは核内にはいり、核は励起状態になります。励起状態になると、核内の核子の運動エネルギーは大きくなります。しかし、この状態は長く続きません。ふつうの原子核はすぐガンマ線、またはアルファ粒子、または核子などを放出して、基底状態にもどってしまいます。

ウラニウム235を励起させるには、その原子核を中性子でたたくのです。そうすると、この場合は、ガンマ線などを出して基底状態にもどることをしないで、すぐに核が二つに分裂するのです。そして、その分裂した核の破片が、大きなエネルギーを持って飛び散ります。このエネルギーが原子力の根源となるのです。

原子力はなぜ強力か

それでは、核の破片が、どうして大きなエネルギーを持つのでしょうか？　まえに述べたように、核力は桁(けた)はずれに強い力です。しかし、ウラニウム235の核内では、その強い核力に、ほとんど匹敵するほど強い電気的斥力が陽子間に作用しています。ウラニウム235の核は、基底状態では球形をしていますが、励起状態では、核全体が振動して、ヒョウタン形になります。そうすると、ヒョウタンの両端のかたまりの間には、ほとんど核力は作用せずに、電気的斥力のみが作用します。そして、その斥力のために、ヒョウタンは中央のくびれのところでちぎれて、二つの核破片となって飛び散ります。核破片に大きなエネルギーを供給するのは、このように強い電気的斥力です。しかし、その強い電気的斥力に打ち勝って、核を維持していたのが核力です。したがって、核破片のエネルギーが大きいことの根本原因は、核力が強いことなのです。

それでは、ウラニウムのかたまりの中の多数の原子核を、全部分裂させるために、ウラニウムのかたまりに、つねに外部から中性子を照射する必要があるのでしょうか。

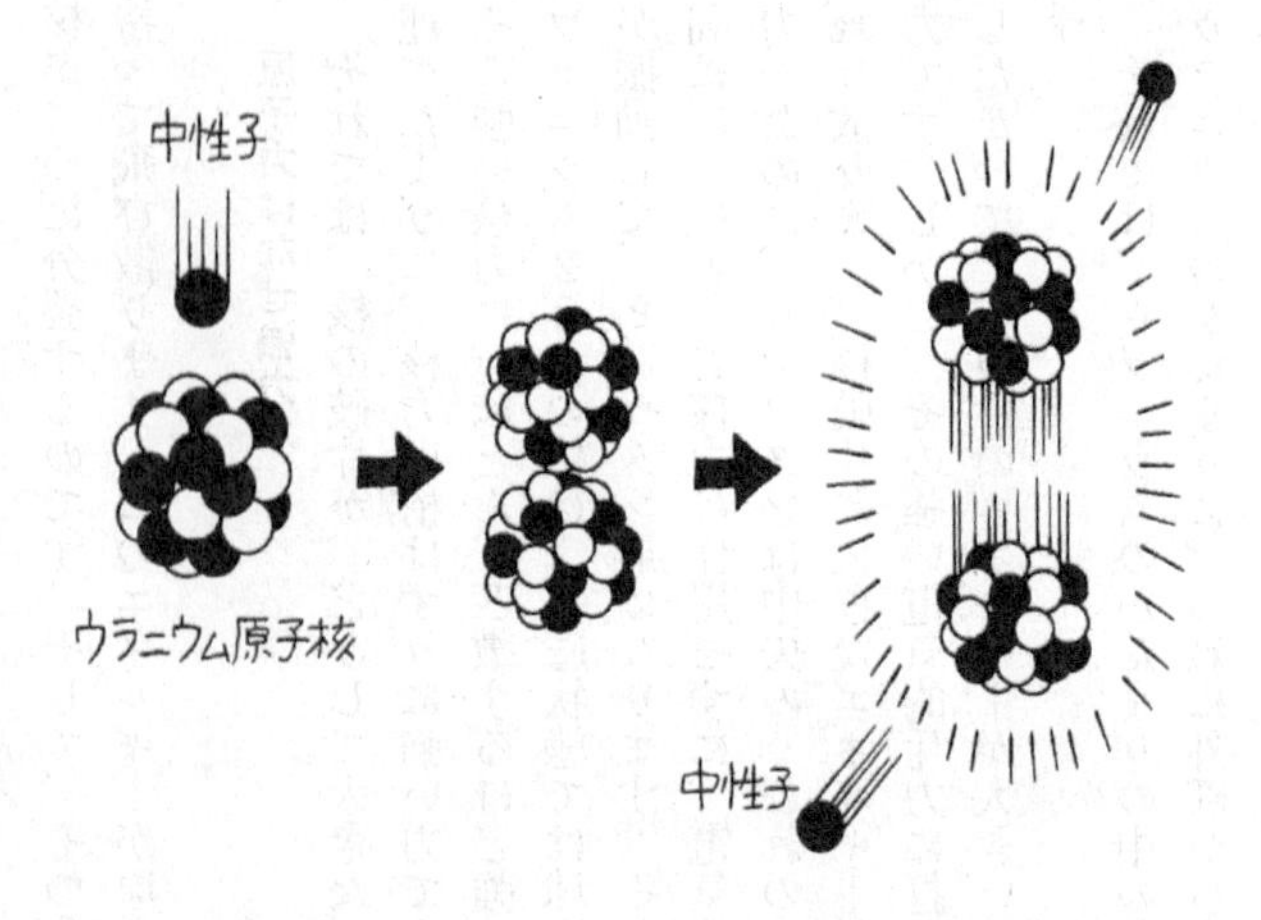

原子爆弾のエネルギー源・核分裂の起こし方――不安定なウラニウム原子核に中性子を１個飛びこませると、原子核はヒョウタン型になり、分裂して、２個の中性子を放出する。この中性子が、他の原子核に飛びこんで、核分裂の連鎖反応が起きる

その必要はありません。一つの核が分裂すると、平均して2個の中性子が、核破片から放出されます。そして、それらの中性子が、また、近辺にあるウラニウム核を分裂させます。こうして、つぎつぎと核分裂が起こります。このような分裂現象は連鎖（れんさ）反応と呼ばれています。この連鎖反応を急速に起こすと、爆発的にエネルギーが発生し、原子爆弾になります。その逆に、原子炉を用いると、この連鎖反応をゆるやかに起こすことができます。そして、

発生するエネルギーを発電などに利用することができます。これが原子力の平和利用です。

また、人工的には、ウラニウムより重い原子核を持った原子を作ることもできます。たとえばプルトニウムがそうです。それらのなかには、ウラニウム235のように、核分裂を起こすのもあります。また、核分裂を起こさないで、アルファ粒子(線)、ベータ線、ガンマ線を放出して、最後には、ウラニウムにかわってしまうのもあります。こういう変化を原子核の崩壊といいます。

パイ中間子は完全犯罪の被害者

では、このような核力はどうして生じるのでしょうか。また、それは、パイ中間子の存在と、どのようなつながりがあるのでしょうか。それをつぎに見ていきましょう。核力が生じる理由は原子と原子の間に作用する原子間力が生じる理由に似ています。それで、核力発生の説明にさきだって、原子間力がどうして生じるかの説明をしましょう。

まず、いちばんかんたんな構造の水素原子を例にとりましょう。水素原子が単独で存在することは少ないのです。ふつうは二つの水素原子が結合して、一つの水素分子となって存在します。なぜ、水素分子ができるかと言えば、それは、二つの水素原子間に原子間力が作用しているからなのです。二つの水素原子から、一つの水素分子ができるようすは、つぎのようなものです。二つの水素原子は、その核外電子雲がたがいに接触するほどまで接近すると、それぞれの水素原子が、核外電子を交換するという現象を起こします。この交換現象が起こると、二つの原子間に引力が働き結合するのです(9)。それで、この種類の力を交換力と呼んでいます。

ほかの大部分の原子も、その交換力でたがいに結合し、分子を形づくっています。ところで、核力の場合も、このような交換力で説明できます。接近した二つの核子は、パイ中間子を相互に交換し、交換力で結合するのです。これが核力の本体です。それでは、核力の特徴、すなわち、けたはずれに強力であり、近距離力であるのは、どういう理由によるのでしょうか。核力が強いことは、パイ中間子が芯から飛びだしたり、飛びこんだりするスピードが速いことに原因しています。このスピードが速いと、パイ中間子の雲の中に、パイ中間子がたくさん存在できることになります。理論によると、そのパイ中間子の数が大きいほど、交換するパイ中間子の数が多くなるから、交換力が強くなります。したがって核力が強くなるわけです。

また、核力が、近距離力であるのは、核子内のパイ中間子が、常識では考えられないような存在のしかたをしていることによるのです。まえに、湯川理論によると、芯の中にパイ中間子が存在し、それが芯から飛びだしたり飛びこんだりしている、と述べました。ところが、じつは、この表現は湯川理論の正確な表現ではなかったのです。正確にいうと、パイ中間子は芯の中に恒常的に存在するのではなく、芯の近くで突然に創生され、短時間後に、突然に消滅するという現象をくりかえしているのです。前述のパイ中間子の奇妙な存在のしかたとは、このことです。核外電子は消滅したり創生されたりすることなく、恒常的に存在しています。それで、核子の中のパイ中間子の存在は、核の周囲に核外電子が存在するしかたとは違っているわけです。

パイ中間子の奇妙な存在のしかたは、感覚的世界では、その例を見ないものです。もし、このようなことが感覚的世界で起これば、どれほど奇妙なものであるか、ということは、つぎの例でわかるでしょう。たとえば、突然一人の人間が創生され、短時間後に、突然消滅して、あとになんの痕跡(こんせき)も残さなかったらどうでしょう。それは完全に怪談です。ところが、核子の内部では、その怪談がじっさいに起こっているのです。そのことは、あとで説明するように、実験によって確認されたのです。そして、このような奇妙な現象が起こりうることは、すでに述べた不確定性理論で、証明できるのです。そのような現象は仮想過程と呼ばれています。仮想過程は素粒子の世界では、つねに起こる現象です。核子の中での、パイ中間子の創生および消滅は、その一例にすぎません。

神さまから借金しているパイ中間子

核力が近距離力である理由は、この仮想過程で説明できます。それについて、つぎに述べておきましょう。パイ中間子が創生されるためには、パイ中間子の質量が創生される必要があります。ところが、質量とエネルギーは、その本質を同じくするものであることが、特殊相対性理論の一つの結果として導き出されています。それによると、質量とエネルギーは相互に変換できるもので、1グラムの質量をエネルギーにかえると、じつに2500万キロワット時になります。このエネルギーは、3000トンの石炭を完全に燃焼させたときに発生する熱エネルギーにひとしいものです。

したがって、パイ中間子が創生されるためには、その質量を創生するのに必要なエネルギー（これを質量エネルギーと呼ぶ）を、どこからか供給する必要があるわけです。ところがエネルギーは、創生も消滅もしないもので、ただ、一つの物体（素粒子もふくむ）から他の物体に移動するだけです。このことは、エネルギー保存則と呼ばれるもので、物理学におけるもっとも基礎的な法則の一つです。このエネルギー保存則に反する現象は、現在までに一つも見いだされていません。それでは、パイ中間子が創生されるために必要なエネルギーは、どこから供給されるのでしょうか？

仮想過程の特徴は、外部からエネルギーの供給をうけずに、素粒子の創生がおこなわれることです。したがって、一見してエネルギー保存則に反する現象が起こっているようです。しかし、じっさいにエネルギー保存則に反する現象は、素粒子現象のどこにも見いだされていません。では、どのようにして、パイ中間子は創生されるのでしょうか。比喩的にいえば、パイ中間子は造化の神から、質量エネルギーの借金をして生まれてきたのです。しかし、この借金は期限つきです。不確定性理論によると、その借金の量が大きいほど、返却期限が短い必要があります。ところで、返却するということは、パイ中間子自身が消滅してしまうことです。こういう創生、消滅が何回もくりかえされれば、見かけ上は、パイ中間子が芯から飛びでたり、飛びこんだりしているのと同じことが起こるのです。それで、まえにそういう表現を用いたのです。したがって、一般的に、仮想過程で創生されたパイ中間子は、その質量が大きいほど、短い時間内に消滅してしまわなければなりません。

この知識から考えると、核子の大きさとは、パイ中間子が、生きていられる間に飛びまわれる範囲ということになります。ところが、パイ中間子の質量は電子の約270倍もあり、大きなエネルギーの借金をしているので、生きていられる時間は、ひじょうに短いのです。そのため、たとえ光速度で飛んだとしても、生存中に飛べる距離は、約1兆分の3ミリです。これが、核力のおよぶ範囲です。このようなパイ中間子の性質が、核力が近距離力であるということの原因なのです。

人も素粒子も顔だけでは判断できない

核子の内部で、パイ中間子が前述のような奇妙な存在のしかたをしているということは、弾性衝突による方法では、実験的に証明することができません。その実験的証明をするためには、まえに述べた、非弾性衝突を利用することが必要です。

一般的にいって、弾性衝突によって知る方法は、たとえば、人の性質を、その姿、容貌（ようぼう）から判断するようなものです。人は見かけによらないものだと、よくいわれるのと同様に、弾性衝突では物の本質を深く知ることができません。これに対し、非弾性衝突による方法は、物の本質を、いっそう深く知る方法といえます。

つぎに、非弾性衝突を利用した仮想過程の証明の方法について、述べておきましょう。核子の内部に存在する中間子は、創生のために質量エネルギーの借金をしているのですから、外部からエネルギーを与えて、その借金を返却してやれば、そのパイ中間子は自由の身となって、核子の外へ出てくると考えられます。核子の内部のパイ中間子にエネルギーを与える方法は、物質を高エネルギー陽子でたたけばよいのです。そうすると、物質を構成している原子の原子核の中の核子と、高エネルギー陽子が衝突し、高エネルギー陽子のエネルギーが核子の中のパイ中間子に与えられます。その結果、パイ中間子は核子外へ飛び出してきます。

ところが、パイ中間子の質量エネルギーは、約2億電子ボルトという大きなものです。ということは、2億電子ボルトの借金をしているということです。したがって、この実験に用いる高エネルギー陽子のエネルギーは、二億電子ボルト以上なければなりません。もし、パイ中間子が核子内に恒常的に存在しているのであれば、それを核子外にたたきだすためには、それよりも大きいエネルギーはいりません。数十万電子ボルトのエネルギーで十分だと考えられます。

湯川理論は、こうして実証された

この実験は、1948年、カリフォルニア大学の陽子加速装置により作られる高エネルギー陽子を用いて、初めて成功しました。パイ中間子を核子から取り出すためには、最低2億電子ボルトのエネルギーが必要であることがわかったのです。こうしてパイ中間子が核子内に仮想過程で存在していることをあきらかにしたのです。この実験で用いられた陽子加速装置というのは、高エネルギー陽子を発生させるものです。ところで、湯川理論が発表されたのは1935年です。そのころには、2億電子ボルトという高エネルギー陽子を発生させる装置はありませんでした。

それでは、物理学者は、1935年から48年まで、非弾性衝突を利用してパイ中間子を調べることはしなかったのでしょうか。じつは、そうではないのです。さいわいにも、自然には巨大なエネルギーの陽子ビームが、少なくとも1億年のむかしから地球に降りそそいでいるのです。それは宇宙線です。宇宙線は、神が人間に与えた、素粒子世界の扉の鍵であったのです。それで、湯川理論が発表されてから以後、もっぱら宇宙線を利用して、研究が進められました。

もし湯川理論が正しければ、宇宙線が成層圏で空気分子の原子核と衝突し、パイ中間子を作りだしているはずです。そしてそれは、地上に降ってきているはずです。したがって地上に降って来ている二次宇宙線中にパイ中間子が見つかれば、湯川理論が検証できると考えられたのです。

私は、1938年の暮れに理化学研究所仁科研究室に入所しましたが、当時は、ちょうど、このような研究が世界的に進められていたころでした。地上の宇宙線粒子中に中間子の存在することは、その当時、二、三の研究者により推定されていました。湯川理論によって、パイ中間子は電子の200倍ぐらいの重さであることがわかっていました。それで、入所当時の私の研究題目は、その中間子の質量を測定し、それがパイ中間子であるかいなかを確認することでした（最近の研究により正確な値は、電子の270倍の重さである）。いまから考えてひじょうに残念に思われることは、私たちの研究が結実しそうに思えた1941年に太平洋戦争が起こって、それが完全に中断されてしまったことです。

第二次世界大戦終了後、まず、アメリカのカリフォルニア大学のブロード、フレッター両教授などによって、地上で観測される二次宇宙線粒子は、ほとんど中間子で、その質量が電子の約200倍であるという実験結果が発表されました。その後、多数の研究者の研究により、地上にある中間子と成層圏にある中間子は、同一種類ではないことがわかりました。そして成層圏にある中間子は湯川理論で予想された中間子であることがわかり、パイ中間子と名づけられました。いっぽう地上にある中間子は、パイ中間子の崩壊によって生まれるものであることがわかり、ミュー中間子と名づけられました。パイ、ミューの名はギリシャ文字の名で、とくに意味はありません。

みぎの2種類の中間子の関係をあきらかにした功績は、イギリスのパウエル教授（1903年生まれ）に負うところがひじょうに大きいのです。彼は、1947年、二中間子の存在を実験的に確認し、その功績に対して、ノーベル物理学賞を授与されました。そして、それから1年後に、前述のように、陽子加速装置により、パイ中間子を作るために必要なエネルギーの大きさなどが明確にわかったのです。

世界的水準に達していた戦前の日本の陽子加速装置

このようにしてパイ中間子の存在が確認されてから、物理学者は、こんどは、パイ中間子自体の物理的性質の研究にとりかかりました。高空にある宇宙線の中のパイ中間子を、気球をあげたり、高山に登ったりして研究したのです。このように宇宙線の

物理学者が実験室内で、パイ中間子を作って観察するのは、動物学者が野生の動物を檻に入れて観察するのと同じである

中のパイ中間子を調べる方法は、ちょうど、野生の動物を、住んでいるところに行って観察するのに似ています。しかし、宇宙線の中のパイ中間子の数は、たいへん少ないので十分な研究ができません。そこで、動物を檻の中にいれて観察するのと同じ方法が考えられました。パイ中間子を実験室内でたくさんつくり、観察しやすい状態において、研究する方法を考えたのです。

1948年以後、高エネルギー陽子加速装置は、このような目的で、急速に開発されていきました。陽子加速装置の目的は、このように最初は、人工パイ中間子を得ることでした。ところが、その後の研究で、パイ中間子よりも、さらに重い中間子や素粒子が、宇宙線中に発見されましたので、それらをも人工的に作ろうと、さらにエネルギーの大きい陽子ビームを発生する陽子加速装置が作られていきました。こうして、素粒子の世界を開く扉の鍵は宇宙線から人工宇宙線、言いかえれば、高エネルギー陽子加速装置にかわってきたのです。

しかし、このような発展は、アメリカ、ソ連、ヨーロッパなどにおける話です。日本の現状は残念ながらこれとはひじょうに違っています。戦前は、日本の陽子加速装置は世界的水準にありました。しかし戦後は、先進国の巨大な陽子加速装置開発競争を傍観(ぼうかん)しているのみでした。そして、現在もそうなのです。それは巨額の費用を必要とするからです。それで、理論と並行して進められるべき素粒子の実験的研究は、日本においては、宇宙線の研究だけなのです。そのうちのおもなものを紹介しておきましょう。

その一つは、乗鞍岳(のりくらだけ)山頂に、東京大学が宇宙線観測所を設立し、そこでパイ中間子などの研究をしたことです。この観測所は、日本の全部の宇宙線研究者により協同利用されました。そのほか、立教(りっきょう)大学や神戸大学などが主となって、観測機械を乗せた気球を高空に上げて、宇宙線中のパイ中間子などの研究をしました。また現在、東京大学原子核研究所で、大規模な宇宙線シャワーの研究が行なわれています⑽。

しかし、一般的に見て、素粒子の物理的性質を研究するという点では、これらの研究から得られる成果は、最近の陽子加速装置を用いて得られるものには、とても太刀打ちできないのです。そのため戦後は、多くの日本の優秀な実験物理学者は、陽子加速装置のあるアメリカなどの大学や研究所に招聘されて活躍しています。こういう現状は国家的損失ではないでしょうか。国というものが存在する以上は、他国の施設のみを利用して研究するということはできません。なぜなら、科学には国境がありませんが、科学者、その他のことには国境という不便なものがあるからです。日本の素粒子物理学の実験的研究を、世界的レベルまで上げるために、日本においても、やっと巨大な陽子加速装置建設計画が進められています。しかし、その完成は10年後になるのです。陽子加速装置の開発競争を促進した原因は、湯川理論で予言されたパイ中間子の存在なのですから、これは皮肉です(11)。

1日1億円かかるアメリカの巨大な陽子加速装置

現在、世界的第一級の巨大な陽子加速装置は、アメリカ、ソ連、スイスにあります。スイスのは、ヨーロッパの13カ国連合の原子核研究所(CERNと呼ばれています)が、1959年に作ったもので、陽子シンクロトロンと呼ばれています。その装置は250億電子ボルトの陽子を、平均して毎秒30億個放出することができます(12)。

アメリカではブルックヘブン国立研究所に、最近、AG陽子シンクロトロンと呼ばれる巨大な陽子加速装置が作られました。それは、最大出力で、300億電子ボルトの陽子を、平均して毎秒30億個放出することができます。これを働かせるためには1日1億円かかるそうです。この装置は、アメリカの東部にある大学で、共同利用しています。私がしばらくの間、エール大学で研究していたとき、大学の研究者は、大学とブルックヘブン国立研究所間を、小型飛行機で連絡していました。飛行機で行くと、飛んでいる時間は十分ぐらいです。自動車で行くと、ニューヨークを経由して遠回りしなければなりませんので、3時間以上もかかるのです。アメリカでは、研究活動にも飛行機が利用されて、能率を上げているという、まったくうらやましい例です⑬。

このAG陽子シンクロトロンは、すでに説明した電子シンクロトロンと、原理も形も同じものです。では、このような巨大陽子加速装置で作った高エネルギー陽子ビームを用いて、どのような方法で、パイ中間子および、その他の素粒子の物理的性質を知ることができるのでしょうか？　それについて、つぎに説明しましょう。

3　素粒子は、はたして究極物質か

目に見えない素粒子にも、足跡はある

現在開発されている、もっとも分解能の高い電子顕微鏡を用いても、分子のなかでも巨大な高分子（1000万分の1センチ）までしか見ることができません。ですから素粒子（1兆分の1ミリ）そのものは、もちろん見ることはできません。しかし、物理学者は、そのように小さい素粒子の飛んだ足跡を、肉眼で見る方法を知っているのです。物理学では、この足跡のことを、飛跡と呼んでいます。物理学者は、この飛跡を見ることによって、個々の素粒子が起こす反応を、はっきりと知ることができるのです。

ところで、この飛跡を見ることができるのは、素粒子の持っている電気のおかげです。ですから、電気を持たない素粒子（中性子、光子、ニュートリノなど）は、飛跡を見ることはできません。また、素粒子より大きい、原子、分子も、電気を持っていませんから、その飛跡を見ることはできません。

では、どのようにして、極微の素粒子の飛跡を見ることができるのでしょうか。素粒子の飛跡を見る装置は、飛跡指示装置と呼ばれているものです。これは、素粒子の

世界を、感覚の世界に投影するものですから、奇跡の装置といえます。つぎに、この装置について説明しましょう。まず、電気を持った素粒子の性質について、見てみましょう。

電気を持った素粒子（荷電粒子）が、気体、液体、または固体中を通過するときに起こす現象は、台風が陸地を通過するときに起こす現象に似ています。台風の通路およびそれに近接する地域にある家、木などは、台風通過により倒されていきます。荷電粒子は、自分自身は小さいものですが、その周囲に、広範囲に電場を伴って運動します。電場とは、荷電体の周囲にできる電気力の作用する空間のことです。荷電粒子とともに動くその電場は、荷電粒子の通路およびその近辺に散在する原子および分子に、あたかも台風のような影響をおよぼします。すなわち原子および分子の核外電子は、電場の台風で吹き飛ばされてしまうのです。そして、荷電粒子の通った跡には、倒れた家や木のかわりに、核外電子を一部分失った分子や原子が残されるのです。この核外電子を一部分失った分子や原子はイオンと呼ばれるものです（64ページ参照）。それで、この現象は、荷電粒子によるイオン化現象と呼ばれます。こうしてできたイオンは、陽電気を持っています。いっぽう、電場の台風で吹き飛ばされた核外電子は、付近に散在するほかの原子や分子に付着します。付着された原子や分子もイオンと呼ばれます。このイオンのほうは、陰電気を持っています。したがって、イオ

電気を持った素粒子は台風と同じように通ったあとを荒らす

ンには、陽イオンと陰イオンがあります（水素、ヘリウムなど、陰イオンにならないものもあります）。

このイオン化現象の有無を調べることによって、荷電粒子の存在を調べる機械があります。それは、計数管（荷電粒子検出装置）というものです。飛跡指示装置は、このイオン化現象を利用して、荷電粒子の存在のみならず、その飛跡を目で見えるようにし、そして粒子の速度、運動量などを調べるものです。

たとえば、素粒子の速度は、つぎのようにして調べます。台風の場合、進む速度のおそいものほど、通過に大きな被害を残します。それと同じように、速度のおそい荷電粒子ほど、通過跡にたくさんのイオンを残します。それで、通過跡のイオン数を知ることにより、荷電粒子の速度を知ることができるのです。

素粒子の足跡を見る装置

では、荷電粒子の飛跡を、どのようにして見ることができるのでしょうか。じつは、この装置の原理はいたってかんたんなのです。だれでも見たことのある現象と同じ原理にもとづいているのです。それは、霧が発生したり、お湯が沸騰(ふっとう)したりする現象です。霧が発生する原理を利用したものは、ウィルソン霧箱(きりばこ)と呼ばれ、お湯が沸騰する原理を利用したものは、泡箱と呼ばれています。ウィルソン霧箱から、さきに説明しましょう。

ウィルソン霧箱の発明は、霧がどうして発生するか、という研究が基礎になっています。空気中で霧が発生するためには、埃(ほこり)の存在が必要です。水蒸気は、埃を種核として、はじめてその上に凝縮することができるのです。もし、ぜんぜん埃が存在しないと、水蒸気は小水滴になりにくいのです。それは、いっぱんに水滴が表面張力の作用で、その体積をなるべく小さくしようとしているからなのです。その傾向は、水滴が小さいほど、ますます強いのです。しかし、埃があると、それを種核にしてすぐに

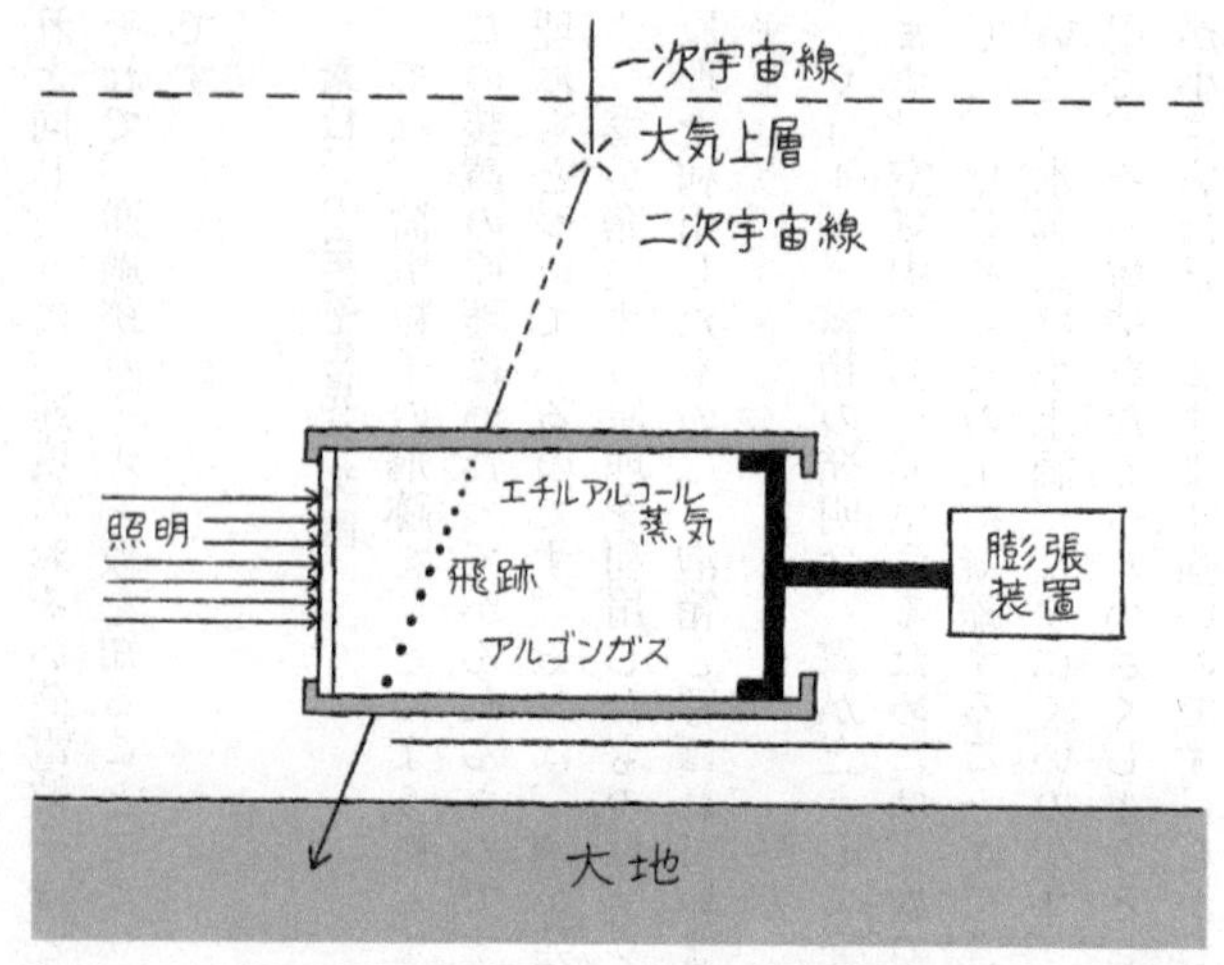

姿の見えない宇宙線の足跡を見るウィルソン霧箱の原理――ガスを膨張させるとエチルアルコールの蒸気は過飽和状態になる。ここに、宇宙線が通ると、そのあとに美しい水滴の線が見える

大きな水滴ができるので、霧が発生しやすいのです。このような理由で、埃の存在していない空気中の水蒸気は、飽和状態になってもなかなか水滴になりません。つまり霧が生じないのです。この飽和状態の水蒸気を冷却すると過飽和状態になります。ところが、それでもなかなか霧は生じないのです。

注　ある温度における蒸気の飽和状態とは、そのある温度において、これ以上に蒸気の濃くなれない状態です。なにか、中心になるものがあれば、それを核にして蒸気はすぐ水滴になります。ところが、中心になるものがないと、蒸気はそれ以上に濃くなります。それが、過飽和状態です。

１８９７年、イギリスのウィルソン（１８６９年生まれ、１９２７年ノーベル物理学賞を受賞）は、埃のない空気中に陰または陽イオンが存在すると、過飽和状態の水蒸気は、それらのイオンを種核にして凝縮し、霧が生じることを発見しました。その理由は、イオンの持っている電気が、電気的反発力で、小さくなろうとする表面張力とは逆に、小水滴をなるべく大きくしようとします。そして、その力が表面張力による力を相殺（そうさい）するからです。ウィルソンは、このことから、水蒸気を過飽和状態にし、そのイオンを種核にして小水滴を作れば、荷電粒子の飛跡を目で見ることができることに気づきました。そして、研究を重ね、ついに荷電粒子の飛跡を目で見たり、写真に撮影したりすることのできるウィルソン霧箱を発明しました。このウィルソン霧箱が、原子核、素粒子の初期の研究に果たした功績は、ことばで表現できないほど大きなものです。

私が物理学者になった動機は「ウィルソン霧箱」

ウィルソン霧箱には種々の形のものがあります。また、その大きさも10センチぐらいから1メートル以上まで種々です。その構造をかんたんに説明しておきましょう。それは気密箱になっています。前面はガラス板で、裏面は黒色の板です。側面の一つはピストンの役目をするジュラルミンの可動板、ほかの一つの側面はガラス板で、箱内の霧を照明するための平行光線の入射窓になっています。箱内には、約1気圧のアルゴンガスと少量のエチルアルコールが入れてあります。空気は不純ガスを含有するので用いません。エチルアルコールは蒸発して、飽和状態のエチルアルコール蒸気となって、アルゴンガスと箱内で共存しています。ジュラルミンの可動板は圧縮空気の力で押されて、使用しないときは箱内のガスを圧縮しています。

さて、このウィルソン霧箱を働かせるときは、ジュラルミンの可動板を押している外力を、急速に除去します。そして、箱内のガスを膨張させます。ガスは膨張すると温度が下がります。すると、エチルアルコール蒸気は過飽和状態になります。膨張の瞬間または直前か直後に、荷電粒子が箱内に飛びこむと、その通路に沿ってイオンが発生し、そのイオンを種核にして小さな水滴（直径100分の1ミリぐらい）が形成されます。そのとき、側面の窓を通して照明すると、この小水滴の列は光を反射して輝き、美しい線になって見えます。それらの輝く小水滴は、数秒ぐらいで落下して消失します。

このように、素粒子の飛跡を私たちの眼前にありありと見せてくれる、ウィルソン霧箱の偉力はたいしたものです。ふつう私たちは、素粒子の話をいくら人から聞いても、その実在感は容易に起こってきません。しかし、霧箱を膨張させた瞬間に、シャープな飛跡が形成される過程を見ると、その飛跡を作る何物かが実在することを、直感的に感じることができるのです。

私自身の経験をいえば、私が物理学者になったのは、このウィルソン霧箱のおかげです。私は大学では化学を専攻していました。ところが、１９３８年の11月に、故仁科博士が私に見せてくださった一枚の写真に、ひじょうに興味を感じました。それは、ウィルソン霧箱で撮ったミュー中間子の写真だったのです。それが原因で、大学卒業後、仁科研究室にはいり、ウィルソン霧箱を用いて、前述の宇宙線の研究をはじめたのです。

ところで、まえに、不確定性理論によって、素粒子は軌道を描かないことを説明しました。ところが、ウィルソン霧箱で見る飛跡は、素粒子の描いた軌道です。では、なぜ、ウィルソン霧箱の場合には軌道を描くのでしょうか。それは、ウィルソン霧箱で見ることのできる素粒子は、運動量が大きいからです。まえに述べたように、運動量の大きい素粒子は、不確定性理論の影響を受けることが少ないので、軌道を描いて飛ぶのです。

湯わかしの沸騰は宇宙線が起こす

飛跡指示装置には、もう一つ、お湯が沸騰するのと同じ原理を用いたものがあります。それは泡箱といわれるものです。ウィルソン霧箱は、装置がかんたんですが、使い方には技術が必要です。これに対して、泡箱のほうは、装置が霧箱よりも複雑ですが、その使用法はかんたんです。泡箱の最大の長所は、ガスよりも密度の高い液体を用いることです。それで、今日では、こちらのほうがもっぱら使われています。

ストーブの上に湯わかしを乗せておくと、ときどき、突発的に湯が激しく沸騰することがあります。これを突沸といいます。湯わかしの中の静かな湯に、なにが突発的な沸騰を起こさせたのでしょうか？　アメリカのグレーサー教授は、沸点以上に加熱された有機物のエーテルが、ときどき突沸を起こす現象に注目しました。そして、その突沸の起こる回数が、ちょうど、宇宙線シャワー（150ページ参照）が、エーテルを照射する回数にひとしいことを知りました。彼はこの事実から、過熱状態の液体中を荷電粒子が通過すると、その通路に沿って気泡が発生するのではないかと想像しました。このような突沸を起こす原因は、宇宙線シャワーのみではないでしょう。そのために、湯わかしの突沸が、宇宙線シャワーで起こったと、はっきりと言うことはできないのです。しかし、宇宙線シャワーの集中的照射が、湯わかしの突沸を起こすことは、十分ありうることです。

1952年、グレーサーは、このような考えからヒントを得て、液体中の荷電粒子の飛跡を見ることができる泡箱を発明しました。コップについだビールの中にできる小気泡から、グレーサーが泡箱のヒントを得たというエピソードもあります。

じっさいに研究室で使用されている泡箱は、その大きさおよび形は種々ですが、その構造は、ウィルソン霧箱に似ています。箱内にはエーテル、プロペンなど、もっとも進歩したものでは液体水素、液体クセノンなどが入れてあります。箱内の液体は、外部から加熱されて、いつでも突沸を起こす状態にあります。しかし、実験時以外は突沸が起こらないように、外圧で圧縮しています。

この泡箱を働かせるときには、液体を圧縮している外圧を急速に除去します。そうすると、その瞬間に、液体は数千分の1秒間ぐらい、ひじょうに沸騰しやすい不安定状態になります。それは、ちょうど、ビール、またはサイダーの栓を抜いた瞬間のような状態です。この数千分の1秒間の不安定状態のとき、荷電粒子がこの液体中を通過すると、その軌道に沿って小さい気泡が数珠のように形成されます。窓にむかってカメラをおいて、シャッターを開放しておけば、ひじょうにシャープな飛跡の写真を撮ることができます。実験が終わると、ただちに液体を圧縮し、気泡が大きく成長しない間に、それを押しつぶして、もとの状態にもどしてしまうのです。

これが泡箱の構造です。最近数年間の物理学の驚異的進歩は、このグレーサーの泡箱に負うところがひじょうに大きいのです。発明者グレーサーは、1960年に、この功績に対してノーベル物理学賞を授与されました。

荷電粒子が、過熱状態の液体中に、その通路に沿って気泡を作る理由は、いまだによくわかっていません。しかし、もっとも確からしい説明は、つぎのようなものです。ウィルソン霧箱の場合と同じく荷電粒子の通路に沿って、液体中に多数のイオンができます。しかし、液体中のイオンは長生きできません。荷電粒子の行なうイオン化現象のときに遊離された核外電子は、液体中ではイオンの近辺にうろついているのです。それで、その電子は、遊離されてから1億分の1秒ぐらいの間に、イオンと再結合してしまいます。この再結合のときに、局部的に微量の熱が発生します。この部分だけさらに高温になるわけです。この熱が、泡を作ると考えられるのです。というのは、液体は沸点に達しただけでは沸騰しません。その理由は、小さい気泡ができても、気泡の周囲の液体の表面張力の作用で、気泡が押しつぶされてしまうからなのです。したがって、気泡ができるためには、その表面張力に打ち勝つだけの力が必要です。前述のイオンの再結合により発生する微量の熱が、その力を供給するのだと説明されています。

注　飛跡指示装置としては、ほかにスパークチェンバーとシンチレーターがあります。

これらは、前二者と違ってエレクトロニクスを応用したものです。飛跡の鮮明度は、霧箱や泡箱のほうがよいのですが、スパークチェンバーとシンチレーターのほうが、すぐれている点もあります。

スパークチェンバーは、平行に等間隔に重ねた金属板より成ります。この重ねた金属板を、1気圧のガスを満たした容器中に水平に入れます。ガスとして、ネオンガス、またはアルゴンガスなどが用いられます。この金属板の上から高エネルギー陽子などを貫通させます。そして、高エネルギー陽子などが貫通した瞬間に、各金属板に、1万ボルトの電圧を、1000万分の1秒間だけ、かけます。そうすると、各金属板の間のガス中の高エネルギー陽子などが貫通したところに、小さいスパーク放電がおこります。したがって、金属板を貫通した高エネルギー陽子の進路に沿って、火花が見られます。その火花が飛跡を示してくれるわけです。

このスパークチェンバーは、アメリカのプリンストン大学、マサチューセッツ工科大学などで開発研究されました。しかし、このスパークチェンバーのアイデアは、現名古屋大学教授福井崇時(ふくいしゅうじ)氏と大阪市立大学の宮本重徳(みやもとしげのり)氏の放電箱の研究によったものです。放電箱は、多数の金属板を用いずに、一枚の金属板と、それに平行に向かい合った一枚のガラス板の間に放電を起こします。

もうひとつの飛跡指示装置であるシンチレーターというのは、透明な、一種の合成樹脂を使います。この合成樹脂の名称が、シンチレーターというのです。このシンチレーターの中を、高エネルギー陽子などが通ると、その通路にあったシンチレーターの分子が、目に見えない、かすかな光を出します。その光を、イメージ増倍管で明かるくして見ることができます。そうすると、シンチレーター内の高エネルギー陽子などの通路が、光って見えるのです。それを、写真撮影することもできます。しかし、まだ実用的な能率のよいイメージ増倍管が、外国でもできていません。それで、シンチレーターは、ふつう計数管としてのみ使われています⒁。

まえに、高い山の上で、または気球を高空に上げて、宇宙線中のパイ中間子などの研究をすることを述べました。その場合に使用する装置は、気球の場合は、主として、原子核乾板が用いられます。ふつうの写真乾板は、荷電粒子に対する感度はよくありません。そこで、とくに荷電粒子に対する感度をよくした乾板が、原子核乾板と呼ばれるものです。原子核乾板も、前述の霧箱や泡箱と同様に有力な飛跡指示装置です。原子核乾板は軽いから、気球に乗せるのに適しています。高い山の上で観測する場合は、主としてウィルソン霧箱が用いられます。霧箱は原子核乾板よりも容積が大きく、したがって、短時間内に、原子核乾板を用いるよりも、多数のパイ中間子の飛跡を観察することができます。

宇宙線の研究には泡箱は用いられません。そのわけは、宇宙線が泡箱に飛びこんでから泡箱を膨張させたのでは、おそすぎるからです。そのときは、飛跡に沿ってできたイオンが、すでに消えてしまっています。したがって、飛跡を見ることができないからです。

名探偵と物理学者は、足跡から犯人をあげる

それでは、飛跡指示装置を用いて、なにを知ることができるでしょうか。そのことを、泡箱を例にとって、つぎに説明しましょう。泡箱が大活躍するのは、高エネルギー陽子加速装置のある実験室です。そこでは、泡箱の膨張と、泡箱内に陽子が飛びこむ時間を、一致させることができるからです。とくに、強力な電磁石の中に設置された、一辺が1メートル近くもある大型泡箱が、大活躍しています。電磁石のなかに泡箱を置くのは、陽子が、泡箱内で円弧を描くようにするためです。この泡箱内に零下253度の液体水素が満たされています。

加速装置から放出される高エネルギー陽子ビームは、宇宙線のように空間を横ぎって、実験室内に設置されている泡箱内に、小さい窓を通して突入します。高エネルギー陽子ビームを真空パイプを通して誘導することもあります。泡箱内では、高エネルギー陽子ビームは、イオン化現象を起こしながら円弧を描いて進みます。しかし、イ

オン化現象を起こすだけではありません。液体水素中の原子核とも衝突します。この衝突はガス中よりも液体中で起こりやすいのです。これが霧箱よりも泡箱が用いられる理由です。この衝突が起こると、パイ中間子が発生します。そのパイ中間子は、イオン化現象を起こしながら、液体水素中をやはり円弧をえがいて進みます。そして、ミューとニュートリノに崩壊します。まえの陽子は、原子核と衝突したところで、円弧の方向と曲率を少し変えて、運動をつづけます。このとき、泡箱を働かせると、これらの運動が、気泡によって飛跡となってあらわれるわけです。

これと似た現象は高エネルギー陽子にかぎらず、ほかの素粒子を飛びこませた場合にも起こります。いっぱんに、このような現象を素粒子反応といいます。物理学者は、この素粒子反応を見ることによって、その反応を起こした素粒子の物理的性質を知ることができます。

ところで、じっさいには、この飛跡写真は、何十万枚もとられます。そして、その写真を、フランケンシュタインと呼ばれている巨大な自動分析装置にかけて分析するのです。

では飛跡を作っている粒子の種類は、どうしてわかるのでしょうか。それは、その粒子のえがく円弧の曲率と、イオンの数からわかるのです。円弧の曲率は、運動量に反比例するのです。運動量は、質量と速度の積です。速度は、イオンの数からわかりますから、運動量がわかれば、質量がわかります。それで素粒子の種類を知ることができるのです。

このほかに泡箱の外で、高エネルギー陽子で物質をたたき、それから発生する二次粒子、たとえばパイ中間子を取りだし、それを泡箱内に入れる場合もあります。そのときは、その二次粒子と水素の原子核の起こす反応を知ることができるのです。

注　素粒子反応については、すでに、いままでに、そのいくつかをとりあげています。それらを、ここでまとめておきましょう。これらの反応はすべて逆方向にも起こります。

（1）電子→電子＋光子
　電子および荷電粒子が、加速度運動するとき、光子を放出する現象。

（2）核子＋核子→核子＋核子＋パイ中間子
　核子と核子が衝突して、パイ中間子を発生する現象。

（3）パイ中間子→ミュー中間子＋ニュートリノ
　パイ中間子が崩壊して、ミュー中間子とニュートリノになる現象。

（4）ミュー中間子→電子＋ニュートリノ＋ニュートリノ
　ミュー中間子が電子と二つのニュートリノに崩壊する現象。

（5）中性子→陽子＋電子＋ニュートリノ
中性子が、陽子と電子とニュートリノに崩壊する現象。

自然の究極は、ニュートリノ粒子か

素粒子の種類も、素粒子反応も、現在までに、この本で取りあげたもの以外にも、多数のものが発見されています。物理学者は、それらを研究した結果、いちおうまとまった結論を素粒子について得たのです。それによると、すべての素粒子は、素粒子反応によって相互にかわることができる性質を持っていること、さらに、すべての素粒子反応は三つの基本反応に帰着することができること、の二つがわかりました。

ここでいう三つの基本反応とは、まえの注で述べた（1）、（2）および（5）の反応です⒂。

この基本反応のひじょうにおもしろい点は、各反応が起こるのに要する時間がひじょうに違っていることです。その時間は、（1）の場合は、1000億分の、そのまた1000億分の1秒（10^{-21}秒）、（2）の場合は、1000億分の、そのまた1兆分の1秒（10^{-23}秒）、（5）の場合は10億分の1秒（10^{-9}秒）です。

反応が起こるのに要する時間が短いということは、反応速度が速いということです。そして反応速度の速い反応ほど、起こりやすいことがわかっています。これらの基本反応の反応速度と、種々の素粒子の物理的性質との関連をあきらかにすることは、現代物理学の最先端の問題の一つです。

それでは、現在、どれほど多数の素粒子が発見されているのでしょうか？　物理学者は、全素粒子を次のように４種類に分類しています[16]。

〈光子族〉光子（γ）
〈軽粒子族〉ニュートリノ（γ）　電子（e）　ミュー中間子（μ）
〈中間子族〉パイ中間子（π）　ケイ中間子（k）
〈重粒子族〉陽子（p）　中性子（n）　ラムダ粒子（Λ）　シグマ粒子（Σ）　グザイ粒子（Ξ）

最近になって、これらの素粒子以外に、ひじょうに不安定なべつの素粒子の一群が発見されています。素粒子世界の時間スケールとして、１秒はあまりに長すぎます。それで、１秒の10兆分の１の、そのまた１００億分の１秒（10^{-23}秒）を素粒子世界の時間単位にします。そうすると、みぎにあげた素粒子は寿命が無限大か、または、だいたい１０００兆素粒子時間単位です。

ところが、これから述べる素粒子は、その寿命が、だいたい素粒子時間単位の数倍ぐらいのものです。このような短い寿命は直接的に測定することはできません。間接的な方法で、理論的に算出するのです。こういう超短寿命の素粒子を、素粒子といってよいかどうかわかりません。これらの素粒子は、まえにあげた素粒子のうちの数種類のものが、一時的に結合してできたものと考えられています。これらを不安定素粒子（正確には共鳴素粒子）と呼びましょう。現在までに知られている不安定素粒子はつぎの表のように全部で12種類です。

カッコの中の記号は、不安定素粒子が崩壊してできる素粒子を示しています。たとえば、いちばん上段のエータが崩壊すると、3個のパイにかわります。素粒子名の右肩上の+、−、0は、その粒子が、電気的に陽、陰、中性であることを示します。

さて、このように素粒子がたくさん発見されてくると、これらの素粒子全部が素原物質とは考えられなくなってきます。それでは、すべての素粒子を作っている、素原物質は、なんでしょうか？

原子は素粒子から構成されていました。それと同様に、すべての素粒子は、数種類の素原物質で作られているのでしょうか？　もし作られているとすると、その素原物質はなんでしょうか？　どのような方法で作られているのでしょうか？　このことは、全素現在まだ、未解決の最重要問題です。しかし、現在の知識で想像できることは、全素粒子の中で、もし素原物質になるものがあるとすれば、それは軽粒子族であると考えられています。軽粒子族の中でも、とくにニュートリノは、ほとんど全部の素粒子反応のときに現われてくるので、素原物質としてのニュートリノの研究は重要視されています[17]。

注　不安定素粒子（共鳴素粒子）として、新しく、ファイ中間子が最近発見されました。

このファイ中間子は、シカゴ大学助教授、桜井純(さくらいじゅん)博士（学習院出身、ハーバード大学卒業、31歳）が、1962年12月に、その存在を予言していたもので、今度、ブルックヘブンの原子核研究所と、カリフォルニア大学で実験が行なわれ、その存在が確認されました。このファイ中間子は、10兆分の2秒の10億分の1という短命で、二つのケイ中間子に分裂してしまいます。

名　称	記　号
エータ	$\eta(\pi^+\pi^-\pi^0)$
ロウ	$\rho(\pi\pi)$
オメガ	$\omega(\pi^+\pi^-\pi^0, \pi^0\gamma)$
ケイ*	$\kappa^*(\kappa\pi)$
ケイケイ	$\bar{\kappa}$
エヌ*	$N^*(N\pi)$
ワイ*	$Y^*(\pi\Lambda, \pi\Sigma)$
ワイ**	$Y^{**}(2\pi\Lambda, \pi\Sigma)$
エヌ*	$N^*(\pi N)$
ワイ***	$Y^{***}(\pi\Lambda, \pi\Sigma, \kappa N)$
グザイ*	$\Xi^*(\pi\Xi)$
エヌ***	$N^{***}(\pi N)$

[18]

【監修者注】

（1）最新の技術を搭載し、原子核をも見ることのできる新型の電子顕微鏡と呼べる施設が理化学研究所の仁科加速器センターに完成しています。

（2）現在は、高エネルギー加速器研究機構（ＫＥＫ）原子核科学研究センターに改組されています。

（3）ＫＥＫの TRISTAN が３００億電子ボルトを達成しました。その後、ＣＥＲＮの LEP-II が１０００億電子ボルト以上の加速に成功しています。

（4）最高性能の円形加速器であるＣＥＲＮの LEP-II を大幅に超える線形加速器を目指し、国際リニアコライダー計画が進んでいます。

（5）陽子や中性子は、クォークから構成されていますが、素粒子であるクォーク同士は、「グルーオン」と呼ばれる素粒子によって互いに結びつけられています。クォークやグルーオンは本書の執筆後に発見されたため、本書における陽子や中性子の解説はそれ以前の知識に基づいています。

（6）パイ中間子は原子核の中で陽子と中性子を結合する働きがあり、この力を核力と呼びます。この核力にもクォークを結びつけるグルーオンが関与すると考えられています。

（7）重い元素など、中性子が陽子より多い状況が最も安定となる場合もあります。

（8）「同位体」とも呼ばれます。

（9）「共有結合」とも呼ばれます。
（10）宇宙線の研究はその後も大きく発展しており、日本もテレスコープアレイ実験やその後継機計画である国際プロジェクトに貢献しています。
（11）KEKには、120億電子ボルト程度まで加速するKEK-PSが建造されました。それを引き継いだJ-PARCでは、300億電子ボルト程度まで加速することが可能となっています。
（12）その後、CERNが開発した世界最大の加速器LHCは、陽子を数兆電子ボルトまで加速しました。
（13）アメリカの研究も順風満帆というわけではなく、世界最大規模の加速器計画SSCが中止となりました。装置の大型化による予算増加が一つの要因とされています。
（14）スーパーカミオカンデに設置されている光電子倍増管をはじめ、現在では非常に高性能な光電子倍増管が開発されています。
（15）現代の理論では、力は電磁気力、弱い力、強い力、重力の4種類に分類されています。ここで紹介された素粒子反応のまとめのうち、（1）は電磁気力、（2）は強い力、（3）から（5）は弱い力に起因する反応です。
（16）リストのうちの中間子族と重粒子族はいずれもクォークという素粒子から構成されているため、現在では素粒子とは呼ばれていません。
（17）標準模型と呼ばれる素粒子の理論にもとづくと、素粒子は17種あり、クォーク、レプトン、ゲージ粒子、スカラー粒子の四つに分類されています。269ページのリストの光子族はゲージ粒子の仲間、軽粒子族はレプトンの仲間、中間子族と重粒子族はクォークから構成されています。ただし、素粒子理論は未解明な問題を多く抱えています。

(18) 現代的な視点から見ると、この表は多様な粒子崩壊現象のほんの一部を記しているに過ぎません。また、陽子や中性子と同様に、表中の粒子のほとんどは素粒子ではなく、クォークなどから構成される複合粒子であることが判明しています。今となっては不十分な表ですので、本書執筆後の素粒子物理学の大いなる発展を示す歴史的資料としてお楽しみください。

第七章

真空の世界では「無から有」が生じる

1　真空は無ではない

鉛の中も、すきまだらけ

物質は、究極的には素粒子で構成されていることは、すでに述べたとおりです。この素粒子については、いろいろな角度から述べてきました。では、その素粒子だけで自然ができているのでしょうか？　素粒子がない状態はなにもない状態なのでしょうか？　宇宙における素粒子全部を消滅させたとしましょう。常識では、あとに残るのは、まったく空虚な真空だけです。

ニュートンから今世紀初めまでの物理学者は、私たちの常識と、だいたい同じことを考えていました。それによると、真空は物質の存在する以前から存在し、物質が消滅しても、あとには空虚な真空が残る、と考えたのです。つまり、真空とは、無限の過去から無限の未来へ、永久不変に存在する物質の容器のようなものと考えられたのです。それは真に無であるから、物質、自然現象、時間にまったく無関係なものと見なされました。

ところが、現代物理学は、この考え方を百八十度かえてしまったのです。真空は重大な物理的性質を持っていると考えるようになったのです。現代物理学によると、真空と物質は不可分の関係にあります。その関係は、現在でも、まだ十分にわかっていません。しかし、物質の究極的存在としての素原物質を探求してきた物理学者は、ついに素粒子に到達し、そして、いま、真空を素粒子の背後にあるものとして、重要視するようになりました。まえに述べたように、ターレスは「水はあらゆる物の物質的原因である」と言いました。それから約2500年をへて、現代物理学者は「真空はあらゆる物の物質的原因である」とさえ叫ぼうとしています。

さて、本論にはいるまえに、真空とはどんなものか、説明しておきましょう。地上の空間は空気で満たされているから、そこには真空はないと考える人もいます。

地上の空間は多数の空気分子（約8割が窒素分子で、残りが酸素分子、しかし、そのほかに水、炭酸ガスなどの分子もある。それらを総称して、ここでは空気分子と呼ぶ）で満たされています。空気分子数は、地上では、1立方センチ中に約20億の100億倍個もあります。

しかし、その分子と分子の間に真空が存在しています。1個の空気分子の半径は、約1億分の1センチです。したがって、地上の1立方センチ中にある、ばくだいな数の空気分子全部が占める体積は、わずかに約1000分の1立方センチということになります。つまり、地上の空間には、想像できないほど多数の空気分子が存在するが、その分子の体積からみると、地上の空間といえども、ほとんど大部分が真空なのです。

また、この空気分子の数は高空にいくほど減少します。地上約720キロ上空では、1立方センチ中に約2000億個、約1920キロ上空では、約20億個に減少します。

真空管やテレビのブラウン管の内部は高真空であるといわれています。しかし、その高真空のなかにも、なお1立方センチにつき、約300億個のガス分子が残存しています。自然に存在するいちばん高度の真空は、星と星の間の空間です。そこは、ほとんど完全な真空で、ガス分子の数は、1立方センチ中に、1個から数個しか存在しません。それがすでに述べた星間物質です。

ところで真空は、空気中に存在するばかりではありません。すべての物質中にもあるのです。たとえば鉛は密度の高い金属として有名です。その密度は11・3（水より11・3倍重い）です。この鉛1立方センチ中の鉛原子の数は、330億個の1兆倍あります。そして鉛は、鉛原子でいっぱいに満たされています。したがって、鉛中では、原子と原子の間に残された真空はほとんどありません。しかし、いっぱんに原子の核外電子は、自身の大きさにくらべて、ひじょうに広大な空間を占有しています。もし全部の核外電子を、できる限り小さい体積中に押しこめると、それは、鉛の原子核と同じくらいの大きさになってしまいます。鉛の原子核は、原子の大きさの10万分の1ぐらいです。したがって、鉛の原子を強大な力で圧縮すると、圧縮された鉛原子の大きさは、鉛原子の10万分の1ぐらいに小さくなってしまいます。そのことから考えて、鉛原子の中は、すきまだらけの真空です。したがって、鉛でさえも、その内部は大部分が真空です。

物質の存在しない真空はない

さて、私たちは、特殊相対性理論で、運動物体内の空間は短縮すること、また、一般相対性理論で、物質の存在は、万有引力によって、その周囲の空間を曲げることなどを見てきました。これらのことから、読者の皆さんは、すでに物質と空間および物体の運動と空間が、密接不可分な関係にあることに、気づかれていることと思います。この空間というものは、ここでいう真空のことなのです。アインシュタインは、物質と真空の関係について、つぎのように述べています。

「物質の存在しない、幾何学的な広がりのみを持った真空は存在しない。真空はある物理的性質を持っていて、その物理的性質を通して、物質と密接な関係にある」

アインシュタインがエーテルの存在を抹殺（まっさつ）したとき、すでに、このことを考えていたのです。すなわち、それは、真空は波としての光を伝える媒質の性質を持っている、ということです。このアインシュタインの思想の根源は、有名なイギリスの物理学者ファラデー（1791～1867）に習ったものだ、という人もいます。

ファラデーは、すでに1831年に、電気力および磁気力は、それぞれ、荷電体お

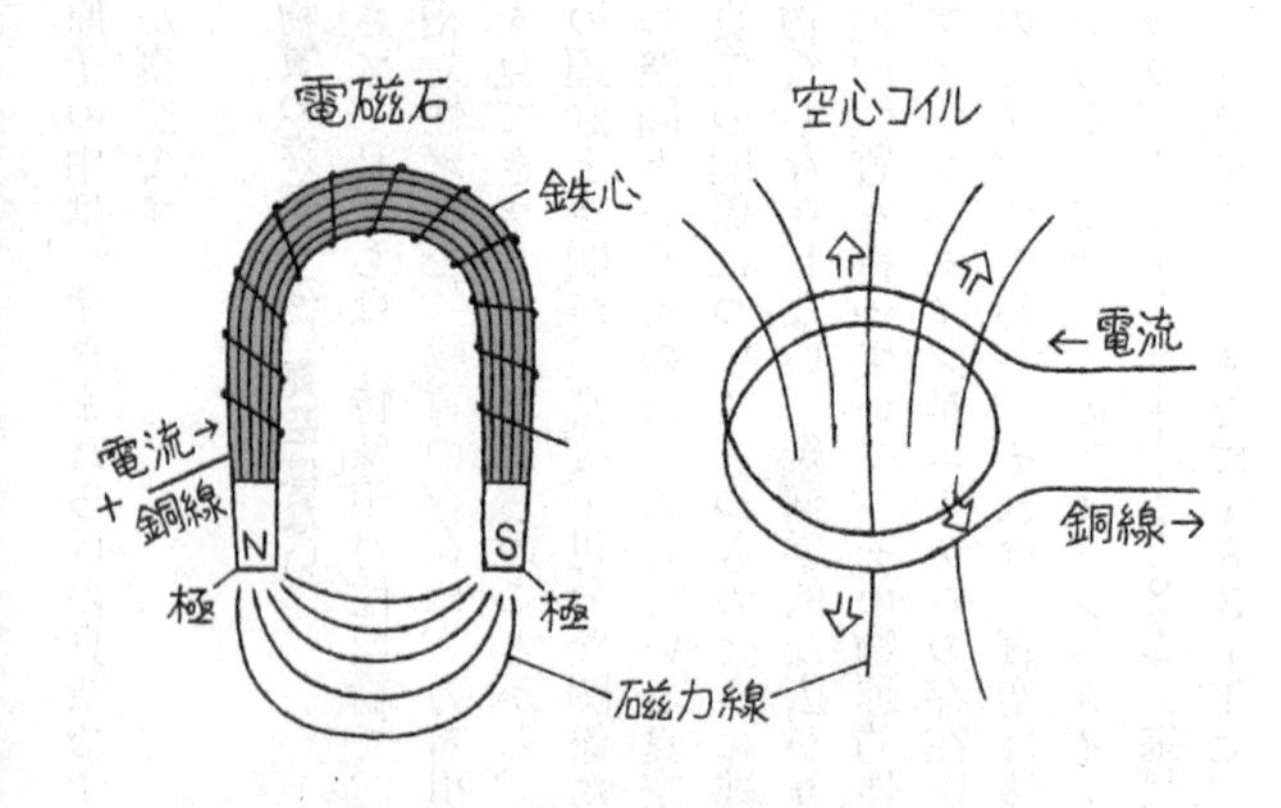

磁場は真空中に貯えられるエネルギーである――空心コイルに電流を流せば、銅線のコイルの中に電流に比例して強い磁場ができる。銅線コイルの中に軟鉄心を入れたものが電磁石である

よび磁石の周囲の真空が、ある特殊な状態になったために生じたと考えました。そして、その特殊なある状態を「場」と呼びました。荷電体の周囲には電場が、また磁石の周囲には磁場ができると考えました。

　この場の概念は、現代物理学で、ひじょうに重要な概念です。そして、この概念は、真空を空虚な無と考えては、理解できないものです。アインシュタインは、この考えを万有引力にあてはめて、それの働く空間を、万有引力場と呼びました。このように、場には、その物理的性質の違いによって、いろいろな種類が考えられています。場とは、どんなものかを知るために、つぎに磁場の持つ、一つのおもしろい物理的性質を述べましょう。

磁場は、真空中にたくわえられるエネルギーです。磁場の強さは、ガウスという単位で表わされます。強い磁場では、磁石に強い磁気力が作用します。磁場の強さと磁気力は比例します。地球磁場の水平方向の強さは、日本で約0・3ガウスです。永久磁石で作られる磁場の強さは、数千ガウスです。さらに強力な磁場は、電磁石で作られます。電磁石は銅線のコイル中に軟鉄心を入れて、磁場の強さを増大したものです。ふつうの電磁石の作る最高磁場の強さは約2万ガウスです。さらに特別に強い磁場を作る方法としては、空心コイル（鉄心を用いないもの）に大電流を流します。このときコイル内の空間に生じる磁場の強さは、電流の大きさに比例して強くなります。この方法で数百万ガウスの強さの磁場を作ることができます。

磁場は真空中に貯蔵されるエネルギーですから、小さい空間内に数百万ガウスの磁場を作ると、磁場はひじょうに大きな圧力で膨張しようとします。その磁場の圧力は強力な火薬の爆発力にも匹敵するものです。

むかしから火薬のかわりに磁場を用いた磁気砲のアイデアがありました。その研究から進んで近い将来、磁場の爆発力はなにかに利用されるでしょう。真空中に貯蔵される磁場エネルギーは300万ガウスの強さのときに、1立方センチの体積につき約5万ジュール（機械的エネルギーの単位）で、これは5トンの重さの物体を1メートル持ち上げることができるエネルギーにひとしいのです。このように、真空がエネルギーをたくわえることができることは、真空が物理的に無ではないことを示していると考えられます。

電場も磁場も、光子で作られている

アインシュタインによると、万有引力場は、真空空間の曲がりという特殊な状態です。また、ファラデーによれば、磁石の周囲の空間は、そこに、磁気エネルギーがたくわえられている真空の特殊な状態です。ところで、この「場」と素粒子は、密接な関係にあると考えられています。

それはどんな関係でしょうか。ここで、まえに述べた核子間に作用する核力の説明を思い出してください。核子の中には、パイ中間子の雲があります。二つの核子が接近すると、その核子間にたがいにパイ中間子の交換が起こります。そして、その交換により交換力が生じます。これが核力の本質だったのです。ところが、この核力をつぎのように表わすこともできます。核子の周囲には、核子場という空間の特殊な状態がある。そして二つの核子は、二つの電子が電場により力をおよぼし合うように、核

子場により引き合って結合すると考えます。

つまり、核力という一つの現象を、二とおりの表現で説明できます。一つは核力は核子場による力であり、もう一つは、核力はパイ中間子の交換力による力である、という説明です。

そこで、二とおりの表現をいっしょにすると、核子場はパイ中間子という素粒子により作られている、ということができます。そして、これと類似のことが、理論的に電場、磁場および万有引力場についてもいえるのです。それによると、電場、磁場は光子により作られている、といえます。

電場は、荷電粒子の周囲の空間にできるものです。そして、二つの荷電粒子は、この電場を通して相互に力をおよぼしあうのです。この力は電気力といわれています。しかし、このことは、電気力を場という概念で説明したものです。電気力を場という概念を用いずに、素粒子で説明することができます。それによると、荷電粒子は、つねに仮想過程で、光子を放出したり吸収したりしているのです。そして、二つの荷電体が接近すると、その光子を相互に交換します。その結果、二つの荷電粒子は交換力で相互に力をおよぼし合うのです。

荷電粒子がつねに光子を放出したり吸収したりしているとすれば、荷電粒子は光って見えるはずだと考える人がいるでしょう。たとえば、荷電粒子の一つである電子について、このことを考えてみましょう。テレビのブラウン管の中の電子銃から電子流が発射されています。この電子流は光りません。電子流は、ブラウン管の前面の蛍光板に衝突してから、はじめて光を発します。このように、電子流は等速度で運動しているときは、ぜんぜん光を出しません。そのわけは、電子の周囲の光子は、前述の核子内のパイ中間子のごとく、仮想過程で存在しているからです。この光子を取り出して、目に見えるようにする方法は、一口にいえば、電子を加速度運動させることです。たとえば、飛んでいる電子に、なにかの方法でブレーキをかけて、それを止めます。そうすると、電子の持っていた運動エネルギーが、電子の周囲に仮想過程で存在する光子に与えられて、光子は自由の身となって飛びだしてきます。そして、その光子(これの波の姿が電磁波です)は、私たちの目に明かるさを感じさせることができます。素粒子理論によると、電子が加速度運動したために電子から光子が出たことは、電子の周囲に、つねに光子が仮想過程で存在しているからだと解釈します。

これを比喩的に言うと、ほんとうに金を持たない貧乏人をいくら強請(ゆす)っても金は出ません。しかし、一見して貧乏人に見える人でも、もし、彼を強請って金が出てきたら、彼はほんとうの貧乏人ではなく、金をなにかの方法で持っていたと考えざるをえません。だから、電場は光子により作られていると考えられるのです。

磁場とは、磁石の周囲にできるものです。二つの磁石は、この磁場を通して力を相互におよぼしあいます。この力が磁気力です。しかし、この場合も、電場の場合と同じように、磁場を考えずに磁気力の説明ができます。それによると、磁場も仮想過程の光子で作られていて、磁気力は、その光子の交換力であると解釈されます。物理学的にみると、電場と磁場の本質は同じものです。

それでは、万有引力場は、どんな素粒子によって作られているのでしょうか？　これはたいへん興味ある問題です。

万有引力は、素粒子の流れである

1959年に、イギリスの有名な理論物理学者ディラック（1902年生まれ、1933年にノーベル物理学賞を受賞）は、万有引力はグラビトンと呼ばれる素粒子により作られている、という理論を発表しました。その理論は、まだ、実験的に検証されていませんが、つぎのようなものです。電子が加速度運動をするときに電磁波を出します。それと同様に、物体が加速度運動をするときには万有引力波を出します[1]。そして、それは光速度で真空中を伝播(でんぱ)します。電磁波が光子の流れであったように、万有引力波はグラビトンの流れであるというのです（波の姿が万有引力波で、それの粒子の姿がグラビトンです）。[2]

それでは、万有引力波は、どこで発生するのでしょうか。その一例として、地球を考えてみましょう。すでに説明したように、電子が電子加速器内で回転運動をして、シンクロトロン放射線を出します。ところで、地球は太陽の周囲を回転運動（公転）していると考えられます。したがって、電子の場合の類推から、地球から万有引力波が放出されていると考えられます。そして、地球は、そのために運動エネルギーを消耗して、速度がおそくなります。速度がおそくなると、地球は渦巻き軌道を描きつつ、太陽に接近し、ついに太陽に吸い込まれてしまいます。この現象は、前述の火の玉のような原子（127ページ参照）に似ています。

しかし、地球が太陽に落ちこむ心配はありません。ディラックの理論から計算すると、地球は十億年間太陽の周囲を公転して、わずかに100万分の1センチ太陽に接近するだけだからです。このことは、万有引力波の放出は、ひじょうにすこししか起こらない現象であることを示しています。それで万有引力波の存在は、天文現象においては実際上無視してもよいのです(3)。

このように、真空の特殊な状態である場と、素粒子には、密接な関係があると考えられています。このことは、言いかえれば、真空と素粒子に間接的な関係があることを示しています。それでは場の存在しない真空と素粒子には、直接の関係はないのでしょうか。じつは、それがあると考えられるのです。それについて、つぎに、まったく奇想天外な理論を説明しましょう。これは単なる空想ではありません。むしろ、自然のかぎりない深さと、それに挑戦する現代物理学の本質を示してくれるものです。

2　自然は、限りなく深い

電子を瞬間的に消してしまうもの

１９３２年、カリフォルニア工科大学のアンダーソン教授（１９０５年生まれ、１９３６年にノーベル物理学賞を受賞）は、ウィルソン霧箱を用いて、宇宙線粒子の本質について研究していました。そのとき、彼は奇妙な素粒子の存在を発見したのです。その素粒子は、質量および、その他の物理的性質は電子と同じだが、ただ、その素粒子の持っている電気の符号だけが正反対なのです。つまり、その素粒子は、陰電気のかわりに陽電気を持った電子なのでした。物質の中に存在する電子は、核外電子はもちろんのこと、すべてが陰電気を持つものだけです。そこでアンダーソンは、この陽電気を持った電子を陽電子と名づけました。

この陽電子は電子と衝突すると、瞬間的に消滅し、2個のガンマ線にかわってしまうことが発見されました。この現象は、電子対消滅と呼ばれています。また、1個の高エネルギーガンマ線（電子の質量エネルギーの2倍以上のエネルギーを持つもの）は、原子核の近辺の真空中で、電子と陽電子の一対にかわることも発見されました。これは、電子対創生[4]と呼ばれます。このように、電子に対し、陽電子が存在したことは、陽子に対して、陰電気を持った陽子（これを反陽子と呼びます）の存在を想像させるものです。しかし、反陽子の存在は陽電子のように、かんたんに発見されませんでした。反陽子の存在が発見されたのは、１９５５年になってからです。それは、カリフォルニア大学のセグレ教授らが、同大学にある、高エネルギー陽子加速装置ベバトロンを用いて、発見したのです。

その後、最近までの研究結果によると、すべての素粒子には、対をなす正粒子と反粒子が存在することがわかりました。ただ、光子と中性パイ中間子だけは例外で、一つのものが正粒子と反粒子を兼任しているのです[5]。これら一対の粒子のいちじるしい性質は、もし両者が衝突すると、その一対は瞬間的に消滅し、他の素粒子にかわることです。そして、その素粒子は崩壊して、最後には、ガンマ線、ニュートリノおよび電子のいずれか、または全部にかわってしまうのです（電子対消滅の場合のみは、まえに述べたように、ただちに2個のガンマ線になります）。

それでは、なぜ、正粒子と反粒子[6]が存在するのでしょうか？　さきほど述べた奇想天外な理論とは、これについてディラックの行なった説明のことです。

真空は、素粒子で満員になっている

アンダーソンが陽電子を発見する4年まえに、ディラックは電子の運動を完全に記述する相対論的波動方程式を発見しました。ところが、その方程式を解くと奇妙なことに、電子（すなわち陰電子）のエネルギーにはプラスとマイナスの2種類があるという結果になったのです。これは、前述の電気的性質のプラス、マイナスとは違います。この結果について、ディラックは種々考えたすえ、つぎのような結論に到達しました。

「宇宙の真空は、マイナスのエネルギーの電子で完全にいっぱいに満たされている。しかし、真空はプラスのエネルギーの電子では、完全に満たされていない。そして、私たちの知ることのできる電子は、プラスのエネルギーの電子である」

この考えによると、プラスのエネルギーの電子は、真空を完全に満たしていないから、まだ真空の中に、いくらでもはいりこむ余地があります。ところが、マイナスのエネルギーの電子は、真空をいっぱいに満たしているから、これ以上真空にはいりこむ余地はありません。ところで、マイナスのエネルギーの一つの電子を真空から引き抜いて、プラスのエネルギーの電子にすることができると考えられます。その一方法は、高エネルギーのガンマ線で真空を照らすことです。そうすると、そのガンマ線は、真空中のマイナスのエネルギーの電子の一つと衝突し、ガンマ線の全エネルギーが、その電子のマイナスのエネルギーにプラスされます。ガンマ線のエネルギーが十分に大きいと、衝突された電子はプラスのエネルギーを持つことができるはずです。ディラックはこのような方法を行なえば、いままで真空に存在しなかった、プラスのエネルギーを持った1個の電子が、現われてくると考えたのです。

ところで、このようなことが起こるとすれば、そのとき、真空中に、マイナスのエネルギーの電子の抜殻が一つできるでしょう。その抜殻は奇妙な性質を持っているわけです。というのは、抜殻の周囲はマイナスのエネルギーの電子でいっぱいです。それで、抜殻は相対的に、その周囲に対してプラスのエネルギーを持っているように見えるはずです。また、抜殻の周囲のマイナスのエネルギーの電子は陰電気を持っています。したがって、抜殻は、その周囲の陰電気に対し、相対的に陽電気を持っているように見えるはずです。

マイナスのエネルギーの電子でいっぱいに満たされた真空は、たとえば水のようなものです。そして、真空にできた抜殻は、水の中の気泡のようなものです。水中の金魚は、気泡を一つの実在物と見るでしょう。それと同じように、真空の抜殻は、私たちにとってはプラスのエネルギーと陽電気を持った電子、すなわち陽電子ということになるのです。さきほど述べた陽電子の存在は、このディラックの考えが正しいことを実証するものであったわけです。ディラックがこのような証明を行なったので、真

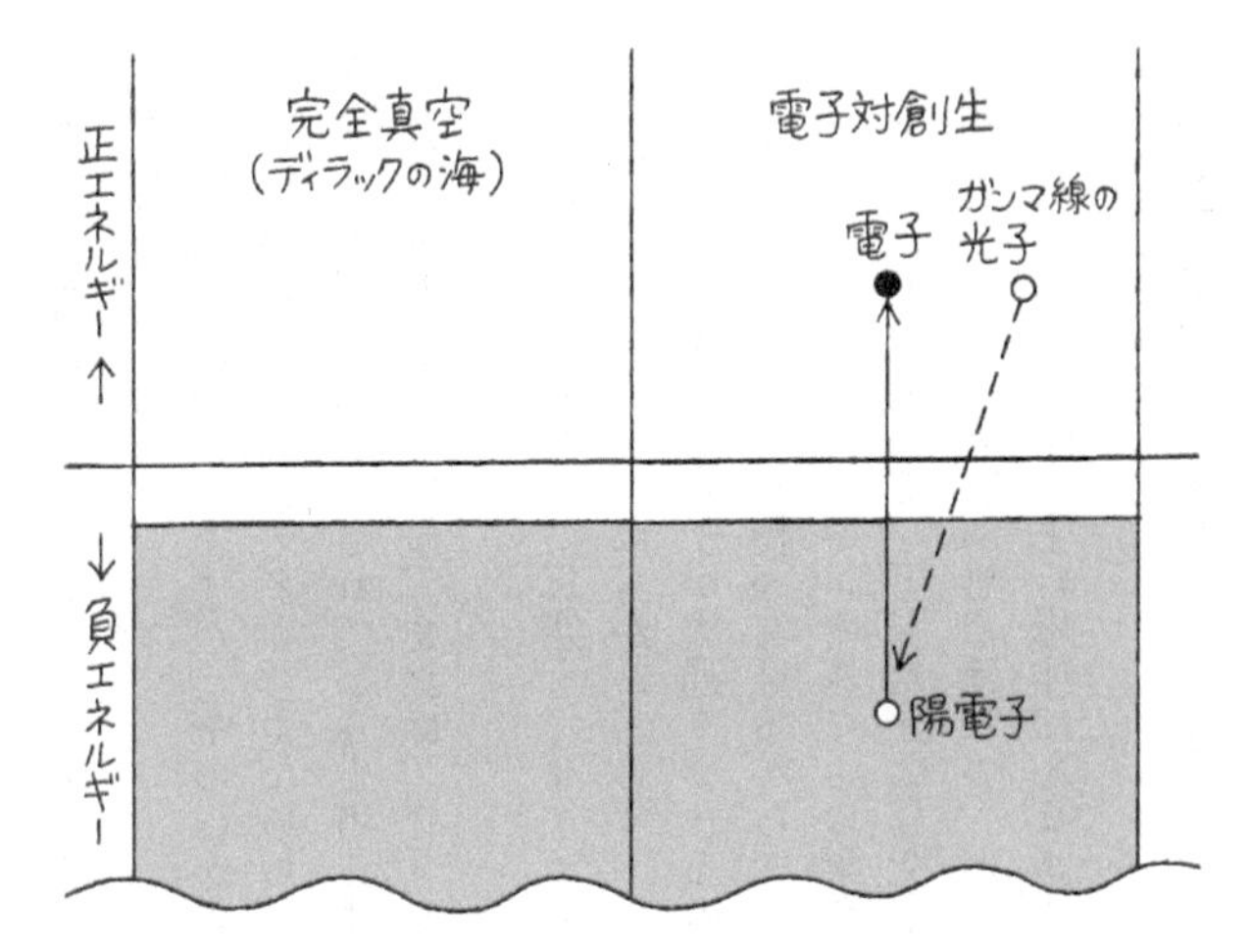

真空から素粒子が生まれる――真空はマイナスのエネルギーの電子で完全に満たされている。高エネルギーガンマ線で真空を照らすと、ガンマ線はマイナスのエネルギーの電子と衝突し、ガンマ線のエネルギーは、マイナスのエネルギーの電子に移ってプラスのエネルギーの電子が真空から飛びだしてくる。マイナスのエネルギー電子の抜殻が陽電子となる(電子対創生)

空のことをディラックの海ということがあります。陽電子は、ディラックの海にできた気泡にたとえられます。

いま述べたのは電子のみについてですが、そのほかのすべての素粒子についても、電子の場合とだいたい同じことがいえます。すなわち、真空は、マイナスのエネルギーを持った、すべての素粒子で満たされていると考えます。そして、反粒子とは、陽電子の場合のように、真空からの抜殻、または、ディラックの海の気泡であると考えられます。

私たちの目の前の真空、体のなかの真空も、マイナスのエネルギーの素粒子でいっぱいに満たされているのです。それにもかかわらず、私たちがなんの抵抗も受けずに動くことができ、また可視光線の光子が素通りできるのは、真空を満たしている素粒子が大きなマイナスのエネルギーを持っているからです。可視光線の光子はエネルギーが小さく、したがって、マイナスのエネルギーの素粒子を、プラスのエネルギーまで上げることができません。それで、可視光線は真空中を素通りできるのです。このディラックの理論からみると、真空は無ではない、ということがよくわかります。真空はむしろ、逆にすべての素粒子を生む母体であります。

しかし、このような説明で、私たちは真空の本質を理解できたでしょうか？

常識が求めているものは、真空の図解的な、機械的な構成です。私たちの常識ばかりでなく、今世紀初めの物理学者も、同様に考えていました。当時の物理学者で、図解できないものは理解できないといった人もいます。しかし、そういう考えを持つかぎり超感覚的な自然の領域を、物理学的に理解することは、もはや不可能ということがわかってきました。そして、物理学は、自然を数学的に理解する方向に進むようになったのです。これが、現代物理学の特徴です。前述のディラックの理論は、そのことを示すよい例です。

しかし、それにしても、ディラックの理論は、あまりにも人為的にみえるかもしれません。ところが、そのことも現代物理学の特徴です。現代物理学の理論は、人間の創作品という半面を持っています。たとえば、素粒子が実在するという意味と、月や山が実在するという意味は、けっして同一ではないのです。月や山が実在することは、私たちの感覚を通して直接的に知ることができます。しかし、素粒子が実在することは、直接的に感覚で知ることができません。たとえば飛跡指示装置で、電子の飛跡を見ることはできます。しかし、その飛跡を作った何物かが実在し、それが電子であるということは、物理学の理論を離れて、知ることができないのです。それは、電子は、色、におい、形など、感覚で知ることのできるいっさいのものを喪失しているからです。したがって、素粒子は人間の創作品です。しかし、絵とか彫刻のような創作品とはぜんぜん違っています。素粒子の物理的性質は、人間が測定機械で直接的に測定できる物理量と、直接的または間接的につながっているのです。したがって、自然自体の構造から、完全に遊離した創作品ではありません。

考えれば考えるほど、この問題には深みがあります。そのような考え方によれば、マイナスのエネルギーとは、現代物理学の理論の、創作品的傾向の強い現われと解することができるのです。この傾向は素粒子理論において、ますますさかんになりつつあります。素粒子自体が感覚的要素を持たないものですから、この傾向はやむをえないものでしょう。

ハイゼンベルクは、こういう傾向を、数学における虚数の導入にたとえています。虚数（マイナス一の平方根）は実在しないものです。しかし、虚数の導入によって、私たちの代数計算をひじょうに簡単化し、その能率を上げることができるのです。

万有引力も遮断できる

私たちの住む世界では、正粒子ばかりが集まって原子が作られています。では、反粒子ばかりで反原子を作ったらどうなるでしょう。現在の陽子加速装置では、反陽子、反中性子および陽電子を容易に作ることができます。したがって、これら三つの反粒子で反原子を作ることは原理的には可能です。また、反原子ができれば、反原子から反分子を作ることもできます。しかし、たとえ、反原子および反分子を作っても、それらをふつうの物質の容器に入れておくことはできません。反原子および反分子は、ふつうの物質に接触すると、その瞬間に消滅し、電子、ニュートリノおよび光子にかわってしまうからです。このとき発生する総エネルギーは、同量の原水爆の爆発エネルギーの何千倍も大きいものです。

さて、真空の性質について考えていくうちにたどりついた、このような反粒子、反原子および反分子というものについての考えは、ひじょうに興味ある問題です。それは、これら反物質と、ふつうの物質の間に作用する万有引力が、引力ではなくて斥力であるかもしれないというイマジネーションです。アインシュタインの万有引力理論によると、万有引力は、空間自体の性質で、物質の種類には無関係です。したがって、ふつうの物質と反物質の間の万有引力は、やはり引力であるはずです。

しかし、はたして、その理論どおりになるかどうかは、じっさいに実験してみないとわかりません。その実験は、まだ実施されていないのです。もし、引力のかわりに斥力が作用すれば、アインシュタインの万有引力理論が否定されるのみならず、反物質を使用することにより、引力遮断(しゃだん)が原理的に可能となるのです（万有引力はすべての物質を完全に貫通することができます。現在までに知られているかぎりでは、万有引力を遮断できる方法はありません)。

ここで極微の世界から、目をふたたび広大な宇宙に転じてみましょう。そこには、ほとんど完全に近い真空空間があります。その空間内に反原子は存在できそうです。そしてもし、反原子が存在しても、ふつうの原子と衝突して消滅してしまうチャンスは少ないでしょう。宇宙空間における反粒子は、宇宙線により少しずつ作られています。しかし、多量の反原子が作られるほどには、反粒子は作られません。ですから、種々な宇宙現象から推論すると、私たちの銀河系内で、反原子が存在するとしても、その量はふつうの物質量の1000万分の1以下であるといわれています。そのため銀河系内に、反物質でできた星が存在するという空想は、まったく起こりえないことであると考えられています。観測の結果もそのことを示しています。もし、銀河系内に反物質の星が存在すると、当然、その星の近辺の空間では、反陽子がたくさん散在するはずです。そうすると、ふつうの星から放出されている陽子、および星間物質中の陽子と、その反陽子が衝突して消滅し、高エネルギーのガンマ線が多量に発生するはずです。最近、アメリカで、人工衛星のエクスプローラーXIに、高エネルギーガンマ線検出装置を乗せて、宇宙空間から飛来するガンマ線を観測しました。その結果によると、反物質の星によって発生するほどの、多量のガンマ線は観測されていません(7)。

たえず電波を発射しているラジオ星雲

では、視野を全宇宙にまで拡大したらどうでしょうか。最近、一部の天文学者および物理学者は、一つの星雲全部が反物質でできている可能性は考えられると言っています。そして、その可能性の根拠は、ラジオ星雲[8]から発射されている強い電波のエネルギー源です。このことについて、つぎに説明しましょう。1932年、ベル電話研究所のカール・ジャンスキーが、はじめて宇宙から地球に来ている電波の存在を発見しました。その当時、それは銀河系のいっぱんの星から発射されている電波雑音であると考えられていました。ところが、しばらくあとで、強い電波が銀河系内の特殊な星、および銀河系外の特殊な星雲（これをラジオ星雲と呼びます）から、発射されていることが発見されました。このなかで、反物質との関連でとくに興味あるのは、とくに強い電波を発射しつつあるラジオ星雲です。現在までに、よく調べられたラジオ星雲の数は45個もあります。

ラジオ星雲からの電波は、ふつうの星で起こっている高温プラズマ（高温度のイオンと電子の混合物）の熱的攪乱（かくらん）から発射されている電波と違っていることがわかったのです。ラジオ星雲からの電波は、超高エネルギーの電子が磁場の中でスパイラル（螺旋（らせん））運動をするときに電子から発射されるシンクロトロン放射線です。シンクロトロン放射線は、ふつうの星の内部で起こっている電波よりも波長が長いので、区別できるのです。ところで、このラジオ星雲からのシンクロトロン放射線は、宇宙の他の場所からくるシンクロトロン放射線にくらべて、強度が桁はずれに大きいのです。以上のことから、ラジオ星雲の内部では巨大なエネルギーが解放され、それが、ばくだいな電磁波エネルギーと高エネルギー電子になって、無限の空間に放出されていると結論されたのです。

さて、もっとも興味ある点は、その巨大なエネルギー源はなんであるか、ということです。現在、物理学者の知っている星の内部で起こっているエネルギー源は、原子核融合反応および万有引力による収縮です。ところが、ラジオ星雲からの電波エネルギーは、これらの知られているエネルギー源で説明できないほど大きいのです。

光学望遠鏡で見ると、ラジオ星雲の中のあるものはひじょうに興味深い姿をしています。強力なラジオ星雲の一つに白鳥座A（Cygnus A）と呼ばれるものがあります。この星雲は地球から少なくとも2億7000万光年も遠方にあるにもかかわらず、それから地球に強力な電波がとどいているのです。とくに興味深い点は、この星雲は単一なものではなく、衝突しつつある二つの星雲であるということです[9]。そして、そのことから物理学者の脳裏には、二つの中の一つが反物質でできた反星雲であるかもしれない、というファンタスティックな想像が浮かびあがるのです。乙女座M87

(Messier 87) も、とくに興味ある強力ラジオ星雲の一例です。この星雲は一見してふつうの星雲に見えます。しかし、よく観察すると、その星雲の中から1本の輝いたジェット流のようなものが出ています。このジェット流が反星雲であるかもしれないのです。そして、それとふつうの星雲が衝突して、順次に消滅しつつ強い電波と光を発しているのかもしれないのです[10]。

宇宙は、一つの素粒子から生まれた

宇宙ができたとき、正星雲と反星雲が同時に創生されたとすると、この二つは創生と同時にすみやかに分離されてしまったと考えなければなりません。もしそうでないと、たがいに消滅してしまっているはずだからです。では、もし宇宙に反星雲が存在するとすれば、それはどのような方法で作られたのでしょうか？　これについて、ある物理学者はつぎのように推測しています。

「宇宙は一つの宇宙素粒子から生まれた。宇宙素粒子は宇宙子と反宇宙子の二つに分離し、この二つはすみやかに飛び離れてしまった。そして、宇宙子のほうは分裂して、私たちの住んでいる宇宙になり、反宇宙子のほうも分裂して、反星雲の集団からなる反宇宙になった。反宇宙のほうは宇宙から観測できない遠方にある。しかし、そこから、反星雲の一部が、私たちの住んでいる宇宙に流入している。そして、そのような

反星雲が、ラジオ星雲に見られるような衝突しつつある二つの星雲の一つである」

この推測には、決定的な天文学的裏づけはなにもないのです。しかし、愉快な空想です。科学の理論は、完全な実証を必要とします。しかし、完全な理論は一度に生まれるものではありません。それに到達する以前に、長い前過程があり、その前過程がスペキュレーション時代です。スペキュレーション、言いかえれば、科学的空想を軽蔑する人は、子どもを生まずにおとなを生もうとする人なのです。しかし、いっぱんに真実よりもデマのほうがおもしろいように、真理よりも空想のほうが、おもしろい傾向があります。それに、空想はその当時の思想に共鳴するものです。しかし、真理は共鳴しません。真理は、それを理解するためには、異常な努力を要する場合が多いのです。したがって、楽だからといってスペキュレーションにのみ走ることは禁物です[11]。

反宇宙は、ほんとうに存在するか

それでは、反星雲の有無をどのようにして知ることができるでしょうか？　可能性のある一つの方法として、各星雲から地球に飛来するニュートリノを調べることが考えられます。ふつうの星は、陽子と陽子が融合反応を起こすとき、光といっしょに多量のニュートリノを放出しています。そのニュートリノは正ニュートリノです。星から出るニュートリノの大部分は、この方法で放出されています。ですから、反星雲中の反星のなかでは、反陽子と反陽子が融合反応を起こして、反ニュートリノを放出するはずです。それで、地上で星雲から飛来するニュートリノを検出し、反ニュートリノのみをとくに多量に放出している星雲が見つかれば、その星雲は反星雲であり、それは反物質で作られた世界だと推定できるわけです。

それでは、ニュートリノの検出は、じっさいにできるでしょうか？　右のアイデアはネコの首に鈴をつけるような話ではないでしょうか。星雲から飛来するニュートリノの検出は、まだ、だれも成功していません。しかし、その可能性があることは、1956年、アメリカのライネスとコーワンのたいへんな努力により実証されたのです。

彼らは、サバナ川の世界最大の原子炉から放出されている多量の反ニュートリノを、直接的に検出することに成功したのです。その反ニュートリノの密度は、宇宙から地球に飛来している宇宙ニュートリノの約30倍も高いものでした。密度が高いほど、ニュートリノ検出は容易です。検出されるニュートリノは、多数のニュートリノの中のごく小部分です。したがって、ニュートリノの密度が低いと、検出に長期間を要します。彼らの実験の反ニュートリノ検出の原理は、267ページの注で説明した反応式5の逆反応の一種を利用したものです。正粒子と反粒子を区別して、この反応を書くと、

反ニュートリノ＋陽子→正中性子＋陽電子

となります。この式の意味は、反ニュートリノが陽子と衝突して、正中性子と陽電子になるということです。この反応を利用するニュートリノの検出装置の主体は、かんたんな水タンクです。水分子は水素原子と酸素原子より成り、両原子の核中に陽子と中性子が存在します。要するに、水タンクは、タンクに飛来するニュートリノに対して、陽子の標的を提供しているのです。

もし、水タンク中に正中性子と陽電子が同時に発生すれば、そのことは、反ニュートリノが飛来して水中の陽子に衝突したことを示します。正中性子と陽電子が、水中で発生した場合、それらは粒子検出装置で容易に検出されます。ところで、もし、水タンク中に、正中性子と陽電子が同時にただ一回発生したことを検出しても、反ニュートリノが水タンク中に、多数飛来したことを証明したことになります。というのは、この衝突はたいへん起こりにくく、きわめて多数の反ニュートリノの中の一つだけが、陽子と衝突して、右の反応を起こすのです。このことは、つぎの数字からも見当がつくでしょう。

核子の大きさは、だいたい、半径が1兆分の1ミリの球です。ニュートリノと核子の反応が1回起こるためには、この、半径が1兆分の1ミリの極微の球体に、100兆の、そのまた1000倍個のニュートリノが衝突する必要があるのです。このことは、ニュートリノと反応する核の部分が、ひじょうに小さいと解釈することもできます。核子の構造は、芯とそれをとりまくパイ中間子雲でした。ニュートリノと反応する部分は、その芯の内部の一部分にあるのかもしれないのです。したがって、水タンクでニュートリノを検出する方法は、できるかぎり大きな水タンクを用いるほうが能率がよいわけです。

この方法は、水タンクを十分に大きくすれば、そのまま、宇宙から飛来する反ニュートリノ検出に利用できます。しかし、水タンクを、十分に大きくすることは、同時に粒子検出装置も大きくすることになり、実際上、種々な技術的困難があります。したがって、宇宙から飛来するニュートリノ検出装置としては、この方法は適当でありません。将来、宇宙ニュートリノ検出のためのもっとよい方法が発見されて、反星雲の存在の問題や、宇宙膨張の謎などを解くことができる日が来るでしょう⑫。

物理学者は、いま述べた原子炉からのニュートリノ以外のニュートリノもとらえることに成功しました。ごく最近になって、宇宙線によって作られるニュートリノと、人工宇宙線によって作られるニュートリノをとらえることに成功したのです。そして、ニュートリノには、もう一種類あることを発見しました。それにも正および反ニュートリノがあるから、それも数に入れると、ニュートリノには4種類あることになります⒀。

物理学を進歩させるのは、知識よりイマジネーション

物理学者は、半径が100億光年の宇宙から、半径が1兆分の1ミリの極微の世界まで知ることができました。そして、彼らが知った知識のエッセンスは、自然の構造は単一ではないということです。言いかえると、巨大な宇宙は感覚世界の拡大図ではなかったし、また、極微の世界も感覚世界の縮小図ではなかった、ということです。そして、私たちが、公理であるとさえ信じていることも、私たちのせまい感覚世界での経験的知識にすぎない場合がある、ということです。

現代物理学の自然に対する理解の程度の深さは、ニュートン時代のものとは比較にならないほど深いものです。しかし、その理解の程度が深くなればなるほど、ニュートンのことばが、ますます真実性をおびて思いだされるのです。ニュートンは「自分は海岸に遊んでいる子どもにすぎない。真理の大海は、その子どもの前に探求されないままに横たわっている」と言いました。現代の物理学者といえども、この子どもにすぎないのです。未知の世界は、いまなお、私たちの前に横たわっています。そして、そこには、人間にとって真に重要な、まだ私たちの知らない自然の真理が隠されてい

るのです。

しかし、そうかといって、現代物理学の知識を軽視することは、ひじょうに危険です。というのは、現代物理学は、その研究された範囲内では、ひじょうに正確な知識を提供してくれるからです。これほど信頼できる知識はほかにないでしょう。とくに物理学の基本法則に反する現象が感覚世界において、ぜったいに起こらないといっても、けっして過言ではないのです。もし、そういう現象が起こるとすれば、それは、物理学者がまだ研究してない未知の世界においてでしょう。

最後に物理学の研究について一言しましょう。物理学が、その視野を広く、かつ深くすることができた一つの原因は、物理学者が数学と機械を巧妙に利用する術をマスターしたからです。しかし、もう一つきわめて重要な原因があります。それは、物理学者が未知の自然を理解するために、常識、偏見などをすてて自然に合致する新しい考え方（アイデア）を見いだしたことです。相対性理論、不確定性原理などが、そのもっともよい例です。そして、この新しいアイデアを見いだす方法は、イマジネーションを働かせることです。すでに述べたように、アインシュタインは「知識よりもイマジネーションのほうがいっそう重要である」と言っています。

晴れた夜空を見上げるとき、私たちは無限に奥深い宇宙空間に、じかに接しているのです。しかし、宇宙の限りない深さに対抗して、私たちのイマジネーションもまた、無限の力を持つものです。私は学生時代に、イマジネーションの楽しさを教えられました。これが最上のアイデアだと思ったとき、そこでイマジネーションをやめずに、さらに続けてごらんなさい。そうすれば、さらに、それ以上のよいアイデアが浮かんでくるでしょう。しかし、ただ考えているだけでは、イマジネーションはストップしてしまいます。イマジネーションを限りなく発展させる方法は、イマジネーションで得たアイデアを実地に試験することです。アイデアがまちがっていたとき、試験の結果は失敗ということになります。しかし、失敗にくじけてはいけません。

物理学の研究には理論的研究と実験的研究があります。そのいずれを問わず、研究には失敗がつきものです。失敗したとき、自分の失敗の原因を冷静に見つめるだけの勇気が必要です。そして、その失敗の背後にかくされている成功の芽を発見する努力がもっとも必要です。研究者は失敗によってのみ貴重な知識を得て、アイデアを無限に発展させることができるのです。

ニールス・ボーアは、つぎのように言っています。「エキスパートとは、起こりうる可能性のある、すべての失敗を経験した人である」。

このことばは、私たちを勇気づけてくれます。物理学の研究のみならず、他の分野のすべての仕事に従事する人に、このことばは役だつでしょう。

【監修者注】
（1）現代では「重力波」という呼び方の方が一般的です。
（2）2019年の時点で、グラビトンはまだ発見されていません。なお、グラビトンは素粒子の標準模型に含まれない素粒子です。
（3）現代では、重力波がブラックホールや中性子星の連星合体において重要な役割を果たすことがわかっています。また、人類初の重力波の検出が、2017年のノーベル物理学賞につながりました。
（4）「電子対生成」とも言います。
（5）グルーオンやZボゾンなど、光子と中性パイ中間子の他にも反粒子が自分自身となる粒子がいくつか発見されています。
（6）粒子と反粒子、物質と反物質のように、「正」を付けないことが多くなっています。
（7）反物質は宇宙線にも含まれており、超新星やパルサー、暗黒物質がその起源として有力視されていますが未解明です。また、最近、反物質の一種である陽電子が雷という身近な場所で発生しているという観測結果が報告されました。
（8）現代では、「電波銀河」と呼ばれています。
（9）最新の結果によると、白鳥座Aの距離はおよそ7億6000万光年とされています。また、二つの銀河ではなく、一つの銀河の中心から吹き出したジェットと呼ばれる高速ガス流が周辺物質と二箇所で衝突していると考えられています。

(10) 現在では、白鳥座AもM87も巨大ブラックホールがエネルギー源と考えられています。そして、2017年に行われたイベントホライズンテレスコープによる観測で、M87の中心に巨大ブラックホールが存在することが確認されました。

(11) 私達の宇宙が物質でできている理由はまだわかっていません。宇宙誕生の直後に大量の物質と反物質が対消滅したが、わずかに物質が多かったために物質だけが残ったという仮説があります。ただし、物質の方が多かった理由はまだ解明されていません。

(12) この後、カミオカンデやスーパーカミオカンデが大量の真水を使って宇宙から飛来するニュートリノを検出しました。また、南極の氷を利用するアイスキューブ実験で検出されたニュートリノの起源は、ブレーザーという銀河の中心部と考えられています。

(13) 現代の物理学によると、反ニュートリノも合わせ、ニュートリノは6種類あると考えられています。

解説

大須賀健

21世紀、物理学は驚異的な発展を遂げています。予想もできなかった事実が発見され、絶対不可能と思われていた実験や観測が次々と実現されています。例えば、私達の住むこの宇宙が加速膨張していることが判明しました。太陽系以外にも惑星が存在することがわかりました。アインシュタインの予言した重力波が宇宙空間を伝搬することが実証されました。また、ニュートリノに質量があることが確かめられました。ついには神の粒子と呼ばれたヒッグス粒子が発見されました。いずれも人類が少し前まで信じていた世界観を、根底から覆す大発見です。読者の皆さんの中にも、ニュースで目にしたことがあるとか、どこかで聞いたことがあると思った方がいらっしゃるのではないでしょうか。それもそのはず、ここで紹介した研究成果は全てノーベル物理学賞を与えられたものです。しかも、驚くべきは、この中で最も古い太陽系外の惑星の発見でさえ約30年前という事実です。加えて、イベントホライズンテレスコープによる巨大ブラックホールの撮像など、ノーベル賞とまでは行かなくとも、世紀の大発見と言える成果が近年続々と報告されています。物理学の黄金時代、それが現代なのです。

そのような状況ですから、現代の物理学者はとても幸運と言えるでしょう。物理学の歴史を紐解けば、名だたる研究者が綺羅星の如く並んでいます。彼らが生涯をかけて取り組み、思いを馳せた宇宙の真理を、リアルタイムで知ることができるのですから。しかし、私が物理学者として本当に羨ましいと感じるのは、前世紀の前半から中程までの時代です。なぜなら、一般相対性理論と量子力学という現代物理学の二本の柱が打ち立てられた時代だからです。成果が結実する瞬間が華々しく見えてしまうのは事実なのですが、そのための骨組みを作ることが学問の世界では最大の業績なのです。礎となる理論体系さえ完成してしまえば、大発見は必然の結果と言っても過言ではないからです。

私が羨ましいと感じる前世紀に構築された新たな物理学が、前述の一般相対性理論と量子力学です。日常的に起こる様々な自然現象を理解するための物理学は、およそ19世紀末までに完成しました。しかし、人類はそれに満足することなく、果てしなく広がるこの大宇宙、そして素粒子の支配する極微の世界の探査に乗り出しました。わかったことは、日常生活とかけ離れた極大および極小のスケールでは、それまでの人類の常識が通用しないということでした。非常識な現象を理解するため、物理学者が衣帯不解で取り組み、ついに創り出されたのが一般相対性理論と量子力学です。今日の数々の大発見の種は実はこの時代に蒔かれたのです。

日常の常識が通用しない学問を理解するのは物理学者であっても苦労します。物理学者は数学を使って物理を理解しますが、物理学者も人間です。出てきた答えが日常の常識とかけ離れているとすっきり理解できないのです。答えは出たけど、これってどういうことなんだろう……？　そんな感覚です。物理学者でも苦労するこの非常識な物理学をやさしく解説できないものか、この難問に取り組んだのが本書です。そして、著者は見事にやってのけました。数式を使わず、幾多の工夫をこらし、常識はずれの一般相対性理論と量子力学を平易に解説することに成功したのです。

それではみなさん、この機会に物理学を存分に楽しんでください！とお伝えするのが普通ですが、みなさんに先んじまして、まずは私が本書を楽しませていただきました。本書を一言で表すなら『現代物理学絵巻』といったところでしょうか。なぜなら、難解な物理学を流れるように解説しつつ、物理学の大いなる発展を迫力満点に伝えてくれるからです。また、著者の明快な解説も見事の一言に尽きます。物理学者である私にとって、その内容自体は知っていて当然なのですが、著者のユーモアたっぷりの解説には思わず吹き出しそうになってしまうこともありました。ただし、数式を使わずに解説するのはそう簡単ではありません。練りに練られた本書の解説は、著者が七転八倒の苦しみの末にひねり出したものと思われます。私もブラックホールという常識の通用しない天体の解説書を著した際、同じ苦しみを味わいましたのでまず間違いないでしょう。著者の苦しみと名解説を存分に堪能させていただきました。

もうひとつ、みなさんには理解することだけでなく、理解できないことも楽しんで欲しいと思います。繰り返しになりますが、本書で解説する一般相対性理論と量子力学は、私達の常識から逸脱した結論を導きます。どんなにやさしい解説が助けてくれても、日常の常識にとらわれた思考では心底から納得することはできないでしょう。その時、どうかがっかりしないでください。かのアインシュタインでさえも、量子力学を生涯認めることができませんでした。あらゆる実験事実が量子力学の正当性を物語っているにもかかわらず。ですから、理解できないことを通じ、私達がどれほど経験に基づく自分勝手な常識にとらわれているかを知り、この宇宙が如何に非常識な法則に支配されているかに驚いてください。理解できない真実が広がっている、それもまた楽しいことでしょう。

さて、楽しんでばかりいた私ですが、ふと気が付きました。よく考えたら、監修をするのが私の仕事でした。そこであらためて研究者の視点で読み返してみますと、時間の経過によって古くなってしまっている記述が目に付きます。また、大幅に進展した現在の物理学を解説しきれていない部分も見受けられます。さらに、本質を伝えるために、著者があえて枝葉の部分の正確さを犠牲にしていると思われる解説もありました。それらに片っ端から注釈を入れ、全て修正してしまえば話は簡単ですが、本当にそれでいいのか、私は大いに悩みました。こんなところで苦しむことになるとは、監修を引き受けたときは想像もしていなかったというのが本音です。

結局、注釈は最小限に留めることに決めました。厳密な解釈や精緻な測定値を伝えることよりも、小気味よい解説で物理学の素晴らしさを伝えることが本書の最大の魅力であると判断したからです。情報の正確さにこだわってしまうのが物理学者としての私の性分ですが、そこをぐっと堪えることに決めました。ただし、当然ではありますが、完全に更新された古い理解をそのまま放置しているわけではありません。重要な修正は施してありますのでご安心ください。そして、より精密な最新の成果が知りたくなった時、是非本書を卒業して次のステップに進んでいただきたいと思います。

最後になりますが、私は本書で常識や偏見を捨てる勇気を持つことの重要性を再確認することができました。研究者は新しい知識の獲得に挑戦し続けなければなりません。時には古い常識や偏見を捨てることが必要となります。しかし、知らず知らずのうちに、自分の常識の範疇で研究を進めてしまいがちです。自分自身を振り返ってみても、当てはまることが多々ありそうです。突拍子もない理論が実はこの宇宙の真理であったという本書で幾度となく語られるストーリーの後押しを受け、新しいことに挑戦し続けようと決意を新たにしました。もちろん、新しい挑戦には失敗がつきものです。しかし、それを恐れる必要はないようです。「研究者は失敗によってのみ貴重な知識を得て、アイデアを無限に発展させることができるのです。」という著者の言葉が、すべての研究者、そして全ての人々を優しく勇気づけてくれているからです。

（筑波大学教授）

文庫化に寄せて

永田和宏

私は物理の落ちこぼれである。一応、京都大学理学部に浪人もせずに合格し、その頃、たった一つ、人気がありすぎて三回生になるときに分属試験まであった物理学科にもすんなり入ることができた。揚々たる出発だったはずだったのだが、見事に物理から落ちこぼれ、大学院の試験にも落っこちて、仕方なく企業に就職することになった。

なんとか潜り込んだのが、森永乳業の中央研究所であった。さすがの大企業の研究所といえども、理論物理、しかも素粒子論などをかじってきた学生あがりに適当な仕事を与えるのはよほどむずかしかったのか、しばらくは図書館に放置されていた。そのうちどうやらバイオというものが、これから儲けになる分野らしいということになり、おそらく研究所の上層部もバイオの何たるかを十分理解しないまま、仕方なく遊ばせていた私にそれを担当させることになったらしい。もう50年近くも前のことである。

まったく誰も指導者がいないゼロからの出発である。いま思い出しても笑えるような失敗を数限りなく繰り返しながら、それでも次第にバイオ、いまの言葉でいえば生命科学の研究に没入し、そのおもしろさの虜になっていったのである。座学ではなく、自ら実験のアイデアを繰り出しながら、それを実証していく作業のおもしろさにはまってしまった。サイエンスって、こんなにおもしろいものだったのかと、遅まきながら実感することになったのである。

結婚して、小さな子供が二人もありながら、無責任にも二九歳のとき企業を退職し、無給の研究員として京都大学に舞い戻ってきてしまった。さらにいくつもの紆余曲折を経ながら、それ以降の四〇年をなんとか細胞生物学者として生きて来たことになる。落ちこぼれたことは辛かったが、落ちこぼれたことでおもしろい人生になったのではないかと、負け惜しみでなく思っている。

物理から落ちこぼれた理由は単純である。話し出すと長くなるから端折って言うと、まず私の学生時代、七〇年代初頭の学生運動の嵐で大学が封鎖され、講義も試験も何もなくなって、ただデモやクラス討論などに明け暮れた生活というのがまず挙げられよう。それはしかし、誰もにあった状況であり、私だけが落ちこぼれた言い訳にはならないが、私には、それに加えて、短歌という文学ジャンルに出会って、それにのめり込んでしまったことと、さらに恋人に出会い、おまけに恋人が歌人であったこと、こんな条件がそろってしまえば、物理から落ちこぼれるのも無理はないのである。落ちこぼれの三条件と言っている。

結局、落ちこぼれてしまった物理であったが、それでも物理学科に行ったことは良かったと思っている。落ちこぼれにも三つの条件があったが、私が物理をやりたいと思った、そして京都大学に進みたいと思った理由にも、三つのことがあった。

第一は塾で教えてもらった物理の梶川五良（かじかわごりょう）先生の授業が素晴らしかったことにある。古典力学には運動の法則など、さまざまの公式があるが、そんなものは覚える必要はない、ニュートンの運動方程式さえあれば、あとは微積分によってたいていのものは導き出せてしまうのだということに大きな衝撃を受け、そのロジックのおもしろさに魅せられた。おまけに梶川先生は、模範解答と違った答えの導き方をしてみようと推奨され、できるだけ公式を使わないで、まわりくどい、ひどく時間のかかる、スマートでない解き方をみんなで競っていた。しかし、この体験は物理のおもしろさと美しさを身を以て感じさせることにもなったのである。

第二が本書、『数式を使わない物理学入門』に出会ったことである。この出会いは衝撃的であった。私がいまも大切に持っている本は、カバーが半分破れて、折り目や傍線、書き込みなど凄いことになっているが、改めて奥付けを見て驚いた。本書、初版第一刷は昭和38年5月。私のものは、昭和38年11月発行のものであり、なんと！、第30版となっているではないか。半年の間に、29回も増刷されたのである。本書がいかに大きなインパクトを以て、当時の人々に読まれていたかがわかるだろう。科学書でこんな読まれ方をする本は、たぶん空前絶後ではないだろうか。

私が本書に出会ったのは、高校二年のときであった。特に、学校の教科書には出てこない、アインシュタインの特殊相対性理論にすっかりはまってしまった。本書『数式を使わない物理学入門』でももっとも力を入れて書かれている部分の一つでもあり、それは古典力学しか知らない高校生の常識を根底から揺さぶる、あるいは打ち砕くものであった。

光速度一定の法則から始まり、光速に近い速度で運動している宇宙船における質量、長さ、時間の驚くべき変化について、特殊相対論のエッセンスが示される。曰く、

「静止している測定者が、運動している物体の長さ、質量および物体内の時間経過の速さを測定すると、長さは物体の運動方向に短縮し、質量は増大し、物体内の時間経過はおそくなって見える。そして、この短縮し、増大し、おそくなる率は、三つのそれぞれについて同一値である」

これだけなら、いくら落ちこぼれと言っても私にも理解はできている特殊相対論の結論だが、本書の表題に言うごとく「数式を（いっさい）使わない」で、概念として無理なく納得させてくれるのが、本書の卓越した力であろう。ある概念を示すときには、その一つ一つについて必ず思いがけない、そして適切な比喩が用いられ、かつ日常的な場面に還元した仮想のストーリーが挟まれ、従来の常識では対処できない概念が、体感として感受できるようになっているのである。

私も遅まきながら、サイエンスの（特に私の場合は生命科学であるが）おもしろさを一般社会に還元し、それを共通の財産として共感してもらうという立場になりつつあるが、サイエンスをサイエンスの言葉で説明するのは簡単だが、それら特殊な言葉に精通していない読者に、普通の言葉でおもしろさを感じとってもらうというのは、とてもむずかしいことである。猪木正文氏の思いがけない着眼と、論理的でありながら堅苦しくはない文体は、たとえばこの特殊相対論のおもしろさの核を無理なく理解させ、わくわくするような想像力の世界に読者を誘って（いざなって）くれる力がある。

当時はうまく理解できなかったが、「地球の引力による時間の遅れ」という章（第五章）は、一般相対論についての説明であった。その終わりに近く、アパートの四階に住む人より、一階に住む人のほうが長生きをするというくだりなどは、思わず大笑いしたものだ。空間のゆがみと加速度、重力などの説明のなかで、引力の影響で、上階ほど時間が早く進むという。うーん、なるほどと唸ったものだ。数ページ毎にあらわれる真鍋博のイラスト（カッパ・ブックス版）の愉快さとともに、概念が見事に体験化されるのを実感するのである。

因みに、この一般相対論は、それを提唱したアインシュタインにも十分には理解できていなかったのかもしれないと、猪木氏が書いているが、その重力方程式は、アインシュタインが提出したにもかかわらず、彼自身で解くことはできなかったらしい。それが解かれたのは、はるか後年、１９７２年のことであったという。それを解いたのは、当時京都大学物理学科助教授であった佐藤文隆氏と大学院生の冨松彰。

実はこの冨松彰は私の物理の同級生なのである。当時私は森永に勤めていたのだが、ある朝、前日の二日酔いを引きずりながら、必死に東横線の吊り革につかまっていた。ふと前の座席の男性が読んでいる新聞を見ると、そこにでかでかと「冨松・佐藤の解」の記事が出ているではないか。アインシュタインにも解けなかった方程式を若い日本の科学者が、といった内容だったと思う。同級生がこんな素晴らしい仕事をしているのに、俺はこんなところで二日酔いの体たらく、こんなことでいいのかっ、とはなはだしく落ち込んだのを覚えている。

私が物理をやろうと思い、京都大学の理学部を受験した第三の理由は、言うまでもなく京都大学に湯川秀樹先生がおられたからである。湯川先生は、学生だけでなく、日本国民全体のヒーローであり憧れであった。物理をやるなら京都大学以外に考えられなかった。ありがたいことに、私はぎりぎり湯川先生の退官に間に合った。湯川先生は三回生用の「物理学通論」という講義を持っておられたが、その最後の講義に間に合ったのである。基礎物理学研究所、通称湯川研の、サロンのような小さな講義室で、週に一度、午後の一時間、湯川先生の話を聞くことができた。それが一年続いた。孫のような学生たちを前にして、しかも退官前の最後の一年である。湯川先生も楽しんでおられたのだろう。古典力学から量子力学まで、いろいろなエピソードをまじえながら実に楽しそうに話をしておられたのが記憶にのこっている。

残念ながら、そのほとんどは忘れてしまったが、本書とのかかわりで言えば、特殊相対論の回の話はいまでも覚えている。湯川先生の質問は、こうだ。「光速に近い速さで汽車が走っている。当然長さはどんどん縮んでいる。10センチくらいになったとしよう。ところがその線路に10センチほどの亀裂が入っていた。さあ、汽車はどうなると思う?」というのが、その時の問いかけ。

普通ならそのまま通り過ぎるような亀裂だが、汽車自体が縮んでいるので、その亀裂にぶつかるのである。そうすると一挙に速度が落ちる。そうすると縮んでいた汽車は一挙にもとの長さにもどるだろう、と説明されて、ハハハハっと豪快に笑われたものだ。そのときの心底おかしそうな、悪戯をしてやったりというような、どこか少年っぽいとも思えるような笑い顔がいまも記憶に残っている。

そんなふうに、イマジネーションをどこまでも膨らませながら、相対論のさまざまの場面を吟味しているというような物理の楽しみ方は、どこか猪木正文氏の『数式を使わない物理学入門』の精神とも通じるところがある。猪木氏の本を読んでいた私は、なるほど物理というものはむずかしいのはもちろんだが、こんな想像力の膨らませ方を許す学問なのだということを、漠然と考えていたものだ。

落ちこぼれたことは確かなのだが、やはり物理という学問をやって、というか少しだけ齧ってよかったと、いまでも思っているのである。

本書に書かれている多くは、特殊、一般相対論にしても、ハイゼンベルクの不確定原理にしても、すでに現代物理学の世界にあっては、古典中の古典ともいうべき位置を占めているだろう。しかし、猪木正文氏によって本書が書かれていた当時、それらの新知識、新知見は、それが生まれてまだたかだか30年から50年の時点だったのである。本書に漲っているわくわくするような興奮は、著者自身も新しい原理や理論に触れてその常識を超えたおもしろさに魅了されながら書いていることによるものだろう。

本書が書かれてさらに50年を経て、ほぼそのままの形で今回、復刊されることになった。その意味は大きいはずだ。新しい理論が出てその興奮冷めやらない時期の、リアルタイムに近い物理学の進展のプロセスにもう一度、触れることができるからである。大須賀健先生による懇切な監修によって、それ以後の多くの新知見を知ることができるのもうれしいことだ。

本書が復刊されるきっかけになったのは、私があちこちで、この本に接した時の驚きとその後の進路を変えるに足るインパクトを持っていたことを語っていたことによると聞いたが、私にとってそれはもちろんうれしいことである。それにも増して、現代の若い人たちが、まだ発展途上にある物理学のわかわかしい息吹きをリアルタイムに体験しつつ、かつての私と同じような感動を持ってくれることを願っているのである。

（JT生命誌研究館館長、京都大学名誉教授　細胞生物学者／歌人）

本書は1963年5月に光文社カッパ・ブックスとして刊行された猪木正文著『数式を使わない物理学入門』を文庫化したものです。

イラスト　クー

数式を使わない物理学入門

アインシュタイン以後の自然探検

猪木正文　大須賀 健＝監修

令和2年 5月25日　初版発行
令和6年 10月25日　5版発行

発行者●山下直久

発行●株式会社KADOKAWA
〒102-8177　東京都千代田区富士見2-13-3
電話　0570-002-301(ナビダイヤル)

角川文庫 22057

印刷所●株式会社KADOKAWA
製本所●株式会社KADOKAWA

表紙画●和田三造

Printed in Japan
ISBN 978-4-04-400571-9　C0142

◆◆◆

角川文庫発刊に際して

角川源義

第二次世界大戦の敗北は、軍事力の敗北であった以上に、私たちの若い文化力の敗退であった。私たちの文化が戦争に対して如何に無力であり、単なるあだ花に過ぎなかったかを、私たちは身を以て体験し痛感した。西洋近代文化の摂取にとって、明治以後八十年の歳月は決して短かすぎたとは言えない。にもかかわらず、近代文化の伝統を確立し、自由な批判と柔軟な良識に富む文化層として自らを形成することに私たちは失敗して来た。そしてこれは、各層への文化の普及滲透を任務とする出版人の責任でもあった。

一九四五年以来、私たちは再び振出しに戻り、第一歩から踏み出すことを余儀なくされた。これは大きな不幸ではあるが、反面、これまでの混沌・未熟・歪曲の中にあった我が国の文化に秩序と確たる基礎を齎らすためには絶好の機会でもある。角川書店は、このような祖国の文化的危機にあたり、微力をも顧みず再建の礎石たるべき抱負と決意とをもって出発したが、ここに創立以来の念願を果すべく角川文庫を発刊する。これまで刊行されたあらゆる全集叢書文庫類の長所と短所とを検討し、古今東西の不朽の典籍を、良心的編集のもとに、廉価に、そして書架にふさわしい美本として、多くのひとびとに提供しようとする。しかし私たちは徒らに百科全書的な知識のジレッタントを作ることを目的とせず、あくまで祖国の文化に秩序と再建への道を示し、この文庫を角川書店の栄ある事業として、今後永久に継続発展せしめ、学芸と教養との殿堂として大成せんことを期したい。多くの読書子の愛情ある忠言と支持とによって、この希望と抱負とを完遂せしめられんことを願う。

一九四九年五月三日

角川ソフィア文庫ベストセラー

波紋と螺旋とフィボナッチ
近藤滋

カメの甲羅の成長、シマウマの縞模様、ヒマワリや巻き貝などいたるところで見られるフィボナッチ数……生き物の形には数理が潜んでいた！　発生学を専門とする生物学者が不思議な関係をやさしく楽しく紹介。

旅人
ある物理学者の回想
湯川秀樹

日本初のノーベル賞受賞者である湯川博士が、幼少時から青年期までの人生を回想。物理学の道を歩き始めるまでを描く。後年、平和論・教育論など多彩な活躍をした著者の半生から、学問の道と人生の意義を知る。

創造的人間
湯川秀樹

人間にとって都合のよいはずの文明。しかし現実は、自動車を愛好すれば交通事故、原子力発電を望めば核爆発の危機がある。科学技術の進歩が顕著な現代に響く、日本人初のノーベル賞受賞者の鋭い考察。

ニュートンに消された男
ロバート・フック
中島秀人

「フックの法則」。いまも教科書で誰もが名前を見る科学者、フック。しかし、彼の肖像画は一枚もない。ニュートンがその存在を消したからだ！　本当の業績と実像に迫る、大佛次郎賞を受賞した本格科学評伝。

宇宙入門
138億年を読む
池内了

シャボン玉や潮の干満、キリンの斑模様など、身近な自然の不思議から壮大な宇宙のしくみが見えてくる。ビッグバンからエントロピーの法則まで、数式や専門用語をつかわずに宇宙科学を楽しむための案内。

角川ソフィア文庫ベストセラー

角川ソフィア文庫ベストセラー

読む数学　数列の不思議
瀬山士郎

等差数列、等比数列、ファレイ数、フィボナッチ数列ほか個性溢れる例題を多数紹介。入試問題やパズル等も使いながら、抽象世界に潜む驚きの法則性と数学の「手触り」を発見する極上の数学読本。

読む数学記号
瀬山士郎

記号の読み・意味・使い方を初歩から解説。小学校で習う「1・2・3」から始めて、中学・高校・大学初年レベルへとステップアップする。数学はもっと面白く身近になる！　学び直しにも最適な入門読本。

感染症の世界史
石弘之

コレラ、エボラ出血熱、インフルエンザ……征服しては新たな姿となって生まれ変わる微生物と、人類は長い「軍拡競争」の歴史を繰り返してきた。40億年の地球環境史の視点から、感染症の正体にせまる。

科学するブッダ
犀の角たち

佐々木閑

科学と仏教、このまったく無関係に見える二つの人間活動には驚くべき共通性があった。理系出身の仏教学者が固定観念をくつがえし、両者の知られざる関係を明らかにする。驚きと発見に満ちた知的冒険の書。

鉄条網の世界史
石弘之
石紀美子

鉄条網は19世紀のアメリカで、家畜を守るために発明された。一方で、いつしか人々を分断するために用いられていく。この負の発明はいかに人々の運命を変えたのか。全容を追った唯一無二の近現代史。

角川ソフィア文庫ベストセラー

遠野物語 remix
付・遠野物語

京極夏彦
柳田國男

雪女、座敷童衆、オシラサマ——遠野の郷の説話を収めた『遠野物語』。柳田國男のこの名著を京極夏彦が〃リミックス〃。深く読み解き、新たに結ぶ。柳田の原著も併載、読み比べなど、楽しみが広がる決定版！

遠野物語拾遺 retold
付・遠野物語拾遺

京極夏彦
柳田國男

『遠野物語』刊行から二十余年後、柳田のもとには多くの説話が集められた。近代化の波の間で語られた二九九の譚を京極夏彦が新たな感性で紡ぐ。原著もあわせて収載、読み比べも楽しめる。

神隠しと日本人

小松和彦

「神隠し」とは人を隠し、神を現し、人間世界の現実を隠し、異界を顕すヴェールである。異界研究の第一人者が「神隠し」をめぐる民話や伝承を探訪。迷信でも事実でもない、日本特有の死の文化を解き明かす。

妖怪文化入門

小松和彦

河童・鬼・天狗・山姥——。妖怪はなぜ絵巻や物語に描かれ、どのように再生産され続けたのか。豊かな妖怪文化を築いてきた日本人の想像力と精神性を明らかにする、妖怪・怪異研究の第一人者初めての入門書。

呪いと日本人

小松和彦

日本人にとって「呪い」とは何だったのか。それは現代に生きる私たちの心性にいかに継承され、どのように投影されているのか——。呪いを生み出す人間の「心性」に迫る、もう一つの日本精神史。

角川ソフィア文庫ベストセラー